中国古建筑
结构图鉴

杨钺
（青木 Axe）
编著

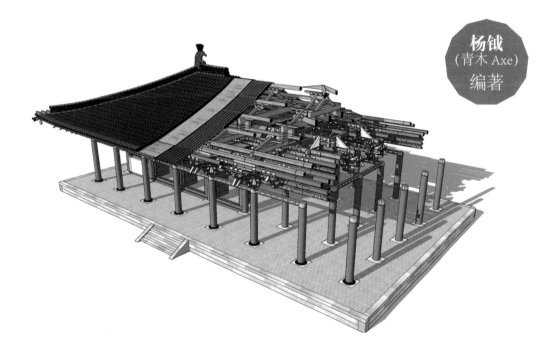

电子工业出版社
Publishing House of Electronics Industry
北京·BEIJING

读者服务

读者在阅读本书的过程中如果遇到问题，可以关注"有艺"公众号，通过公众号中的"读者反馈"功能与我们取得联系。此外，通过关注"有艺"公众号，您还可以获取艺术教程、艺术素材、新书资讯、书单推荐、优惠活动等相关信息。

资源下载方法：关注"有艺"公众号，在"有艺学堂"的"资源下载"中获取下载链接。如果遇到无法下载的情况，可以通过以下三种方式与我们取得联系。

1.关注"有艺"公众号，通过"读者反馈"功能提交相关信息。

2.请发邮件至art@phei.com.cn，邮件标题命名方式：资源下载+书名。

3.读者服务热线：（010）88254161~88254167转1897。

投稿、团购合作：请发邮件至art@phei.com.cn。

扫一扫关注"有艺"

扫一扫看视频

图书在版编目（CIP）数据

中国古建筑结构图鉴 / 杨钺编著.--北京：电子工业出版社，2023.5
ISBN 978-7-121-45019-8

Ⅰ.①中… Ⅱ.①杨… Ⅲ.①古建筑－建筑结构－中国－图解 Ⅳ.①TU-092.2

中国国家版本馆CIP数据核字(2023)第021079号

责任编辑：田　蕾
印　　刷：北京富诚彩色印刷有限公司
装　　订：北京富诚彩色印刷有限公司
出版发行：电子工业出版社
　　　　　北京市海淀区万寿路173信箱　　邮编：100036
开　　本：889×1194　1/20　印张：13.2　字数：396千字
版　　次：2023 年 5 月第 1 版
印　　次：2025 年 1 月第 9 次印刷
定　　价：218.00元

献 给 每 一 位 读 者

少年时期，我常和身为古典建筑师的父亲探讨一个问题。

什么是中华民族文化的缩影？

十余年过去了，数年的海外求学经历让我重新思考了这个问题。于我而言，这个答案就是"中国古典建筑"。中国古典建筑不仅是一种建筑风格，更是集民族历史、艺术与哲学思想为一体的物质缩影。

进入新世纪，华夏大地兴起了一波民族文化复兴浪潮。可当我环顾四周，却发现中国古典建筑文化似乎总是慢半拍，甚至时常缺席。一方面，在过去几十年里，整个社会对于"西洋审美"和"现代建筑"过度追捧，使得传统建筑的生存空间被严重挤压。另一方面，中国古典建筑虽然有深厚的文化积淀，但也容易陷入"高深莫测"，甚至故弄玄虚的桎梏中。这些因素使得古典建筑文化的普及愈发艰难。

但逆境之下，总会有真的猛士坚守民族的道统。在过去的数年间，很多业内德高望重的前辈学者也尝试传播古典建筑文化。比如李乾朗先生的《穿墙透壁》、马炳坚先生的《中国古建筑木作营造技术》、李璐珂先生的《〈营造法式〉彩画研究》等。除此之外，中国建筑老八校，比如西安建筑科技大学、同济大学等，也先后开办了古典建筑专业，为中国传统建筑的延续接上了至关重要的一环。

而我，自然不敢和这些前辈相提并论，但也想尽一份绵薄之力。在八年有余的从业经历中，我不止一次遇到过一些爱好者抱怨："古典建筑很美，但对我们这样的非专业人士而言，那些高深莫测的专著和论文真的很难理解。"从那时起我便开始思考一个问题，中国古典建筑的专业研究已经开了好头，可是以论文、学术专著和建筑测绘为载体的传播方式，虽然有利于学术研究，但对于普罗大众而言却是一道壁垒。

窃以为，传统建筑文化要发展，找到适合现代人理解的传播媒介，跨越那条看不见的鸿沟是关键之一。抱着这样的想法，从2017年开始，我便在工作之余经营自己的视频账号"青木丹阳"，尝试通过新媒体去传播中国古典建筑文化。在这样的背景下，有幸得到出版人佘战文先生抛出的橄榄枝，让我有了这个机会完成这本书稿。

从本质上来说，这本书也是我对自己八年所学的复盘整理。从2014年入行至今，八年里，我有幸得到了父亲杨恩田、师傅尹灿生，以及诸多奋斗在施工一线前辈们的教导。通过数年的实践，也算对古典建筑有了一些粗浅心得。八年的时间里，每日与工匠们同吃住，向前辈们讨教，听他们聊自己学艺的点滴，这些就是我最快乐的事。因为我始终相信，最高深的智慧，往往以最朴素的方式留存在这个世界。

写这本书，是希望通过新的方式，在广大读者和专业领域之间搭起一座小桥。这本书的大部分内容都基于我个人的工作实践，因此也不敢自诩"专业"。毕竟中国古典营造技术发展至今，很多专业术语和做法已经模糊了时代和地域的边界。这本书只是一本粗浅的古典建筑入门读物。如果能够抛砖引玉，用这本拙作引发大家对于中国古典建筑的兴趣，让大家去了解那些古典建筑领域的专家学者并阅读他们的著作，也算是实现了我写这本书的初衷。

杨铖

2022 年 7 月 1 日写于腾冲

序言

　　杨钺小友嘱我为其大作《中国古建筑结构图鉴》作序，甚感荣幸！

　　因机缘巧合认识了远在云南腾冲的杨钺，见面不多，不过只要谈及中国传统建筑和营造技艺，他那源自内心的热爱每每都会感染我。

　　杨钺的父亲杨恩田先生是资深大木匠师和古建筑设计师，"保山工匠"称号获得者。19岁时，杨钺拜父亲为师开始系统学习传统木作技艺，三年后再拜云南省大理州剑川县大木匠师尹灿生先生为师。从入行至今，他不仅深入钻研传统大木作营造技艺，积极投身家乡的古建筑营造实践，还在不懈地探索如何在信息时代实现传统建筑文化的公众传播，这部历时5年方积攒成册的图鉴即是这样的尝试。

　　传统营造技艺是中国传统文化的重要组成内容，但是其应用施展的机会及生存空间日渐局促，公众认知仍普遍有限，其保护和传续依然令人忧虑。像杨钺这样的年轻人，接受过正规的建筑专业教育，又拜师学习、接受了完整的匠作训练，可谓是传习中国传统营造技艺最合适的践行者。希望他的身体力行亦能够激励更多的青年人去了解并建立起对传统建筑文化的感情且愿意投入其中，传统营造技艺的传续必会绵延不辍，余韵久长。

林源

壬寅年七月 于西安建筑科技大学

历史因生活延续而伟大，古典建筑因民众使用而精彩

作为历史发展见证和实践智慧的结晶，中国古典建筑不仅具有丰富多样的空间形态，其特殊的结构体系与建构工艺更是独树一帜。在大力提倡文化自信，加强特色城镇建设和乡村振兴发展的今天，如何更加有效地保护和传承中国古典建筑独特的建构技艺及其文化内涵，无疑具有理论指导意义和实践应用价值。

吴良镛院士曾说："文化是历史的积淀，存留于建筑之间，融汇在日常生活，具有历史继承性和现时影响性。延续建筑的历史文脉，对城市发展和居民行为起着潜移默化的作用。"而建筑历史文脉传承的"文化基因"，正是由一座座传统古典建筑、一个个历史文化城镇，以不同的承载方式汇集而成的。因而每一座古典建筑及其每一个构件，都有其多重的历史文化价值。要留住乡愁记忆，传承历史文脉，就应结合时代要求，让中国传统建筑文化展现出永久魅力和时代风采。

文化需要坚守，遗产需要保护，古典建筑营造技艺更需要传承

对于不同类型的古典建筑，不论寺观庙宇，还是楼阁亭塔，也不论其建筑宏阔高大、挺拔俊秀，还是小巧雅致、朴实无华，它们本身就是对中国历史文化的展示和叙述，向人们传递着中华民族丰富的历史文化和乡俗民愁，且每一座真实记录着民族创造智慧与建构经验的古典建筑，都展现出建筑文化多样性特点。如何有效地保护传承好这种独有的建构技艺，需要专业人员从不同角度和高度去重新认识中国古典建筑的价值，在坚守民族文化特色的基础上，不仅要保护好现有的古典建筑遗存，更要把它当作城乡未来发展的文化资源来传承利用。

建立在宋代《营造法式》和清朝《工程做法则例》以及传统礼制思想基础上的中国古典建筑，已经形成一套完备的营建制度和方法样式。而如何去读懂它、应用它，继续传承和发扬它，或许，本书的作者杨钺，正是秉承对中国古典建筑的深厚情怀，以自幼跟随父亲寻访古迹、出入工地的实践经历，再加上本科、硕士阶段对环境艺术设计和景观建筑设计的系统学习，以其八年多来从业工作中所积累的经验、知识及实践为基础，通过图解的方式将中国古典建筑"繁复如星的术语，多变灵活的结构"，以一种"讲故事"的叙述表达配上可视化的插画呈现给读者；不仅系统地解读清楚古典建筑梁柱构架及各个构件之间的逻辑关联，同时还结合匠师制作的工艺流程，把古典建筑营造的整个过程及不同环节生动地展现出来。全书融知识性、专业性和趣味性为一体，通俗易懂、老少皆宜，的确体现出作者"在广大读者和专业领域之间搭起一座小桥"的心愿与初衷。

昆明理工大学 建筑与城市规划学院 2022.7.20

推荐语

区别于西方建筑，中国古典传统建筑从材料的选择、结构形式到布局方式，都是从"人"的感受出发，追求人性的尺度和美学的。材料上充分遵照木材的性质，优化放大木材的自然性特征，体现中国"天人合一""顺乎自然"的哲学思想。独特的榫卯结构则体现了令人惊叹的东方智慧，是中国"阴阳互补，虚实相生"的哲学思想的反映。

这是一本全面介绍中国古典建筑的好书，让现代的人们能够真正理解中国传统建筑的精髓，为更好地发扬和传承中国古典建筑文化提供了非常好的帮助。

——江浩波　上海同济城市规划设计研究院副院长

这是一本兼具了趣味性和专业性的古典建筑科普图书，作者以一线实践经验为基础，运用图文结合的有趣模式，将复杂的中国古典建筑知识化繁为简；以一种亲切友好的姿态，用讲故事的方式为读者探索中国古典建筑文化、了解古典营造技艺搭建起了一座珍贵的"桥"。

——张笑楠　北京建筑大学建筑与城市规划学院设计艺术系主任／清华大学文化遗产保护博士后、副教授／国家文物局文物专家组专家

中国古典建筑经过千百年的融汇、传承与发展，形成了独有的建筑文化，其独特的建筑结构和营造法式在世界建筑文化中独树一帜。本书以图示及简洁精炼的文字诠释了中国古典建筑的结构、语言和语境关系，对认识和了解古典建筑知识具有很强的指导性，是建筑专业学生、环境设计师和古典建筑爱好者极佳的参考资料。

——杨晓翔　云南大学环境艺术设计系主任／硕士研究生导师

中国古典建筑文化浩如烟海，对于大部分爱好者而言，想要学习往往受制于复杂的术语体系、结构知识。青木的这本书很难得，在摒弃传统大篇幅文字配图的形式后，采取了更适合现代读者的图解表现手法，将自己数年来的实践经验、基础理论知识和生动有趣的插图相配合。更难能可贵的是，还展现了一些实际营造过程中的加工场景和流程。这些内容都尽可能降低了读者的阅读门槛。对于入门者，传统文化爱好者而言，这本书不失为一个好选择。

——周鼎　北京市古代建筑研究所文物保护工程责任设计师／《中华民居》杂志主编

法国作家雨果说：建筑是用石头写成的史书。

而在中国，建筑所构建的中华历史仿佛更加多彩。既有"五架三间新草堂，石阶桂柱竹编墙"的乡野之风，又有"五步一楼，十步一阁；廊腰缦回，檐牙高啄"的深宫高台。中国建筑和中国传统文化的儒家秩序、易经规律、诗词书画等元素都有着不可分离的关系，体现着中国人的审美价值。在几千年的演进过程中，有太多的美学观念和文化意趣值得我们欣赏和传承。

青木的新书以传统中国绘画图鉴的形式，将原本复杂的古典建筑技艺和建筑思想进行了现代技术下的生动演示，简明扼要的科普介绍，大众化的行文风格，仿佛能够带领我们走进一座座祖先的杰作之中。这是一本具有美学深度的用心之作。

——杨藩　首都师范大学教师／艺术科普博主／画家

二层平座

斜撑（暗层）

一层屋檐

一层副阶出檐

基座

制图：马磊

目录

佛宫寺释迦塔
各层结构拆分

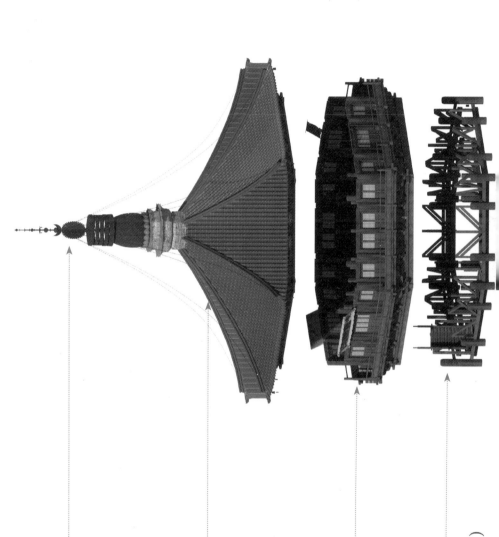

塔刹

顶层屋檐

五层平座

斜撑（暗层）

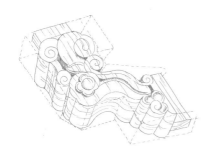

枋

第 3 章　　　　第 4 章

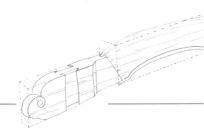

第 7 章　　　　第 6 章

桁

屋顶

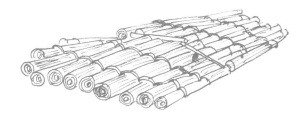

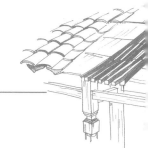

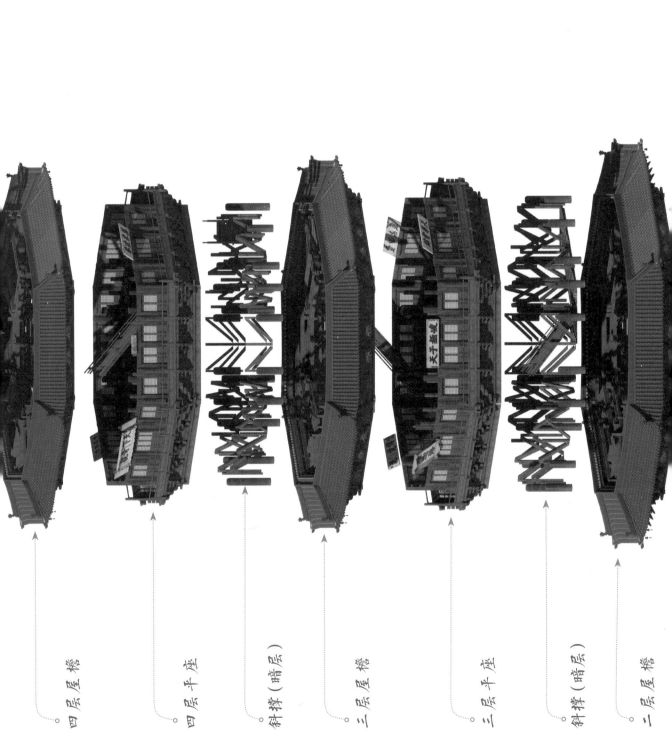

四层屋檐

四层平座

斜撑（暗层）

三层屋檐

三层平座

斜撑（暗层）

二层屋檐

用通俗简单而又不失专业性的方法，展现古典建筑复杂的结构和工艺，让"外行"们也能看懂古典建筑之美。

——大松逛古建

古典建筑在我们的文明史中举足轻重，这是一本相见恨晚的古典建筑科普书，内容翔实，配图丰富，专业且通俗易懂，看完之后想走遍中国所有的古建筑！

——你的马队　文化旅游创作者

中国古典建筑经过数千年的发展，有太多的技艺与文化值得我们去借鉴和传承。青木的新书以图鉴的形式将原本晦涩的古典建筑技艺进行了生动演示，是一本可以带你直观了解我国古典建筑营造智慧的用心之作。

——木虫聊木工　艺术文化创作者

为什么我们中国人的祖先爱用木材盖房子？难道只因为木材较石料而言更加便于运输，便于塑形？其实木材在我们祖先的眼中更有着像我们中国人一样的特性，木材的成长像人一样都是从小到大，木材的态度像人一样都是温润平和，木材的榫卯组合更像人类社会一样"你中有我，我中有你"！当然木材作为建筑材料，它的特性、使用方法、组合还有很多种，推荐大家阅读这本《中国古建筑结构图鉴》，它会让你在了解中国古典建筑的同时，更能够了解中国古人的建筑智慧及其属于中国人特有的哲学内涵！

——房博　文化学者

要想从传统文化中寻找未来的脉络，首先得有人做总集。今天我们能看到这样的古典建筑启蒙读物，实乃时代之幸！

——朱学士 Neo　哔哩哔哩知名 up 主／传统文化艺术创作者

古典建筑之美在结构，在色彩，也在每个人见到它的当下感受。或许大家会觉得古典建筑离我们很遥远，触不可及，但是通过这本书，我们可以窥一斑而知全豹，从木材选料到工匠加工，如何巧用榫卯和斗拱构建一座古典建筑，如何在结构之上让建筑更出彩……在这本系统而丰富的书中游历一番，我想，你必定会对古典建筑更神往。

——苏清吾　哔哩哔哩知名 up 主／传统文化艺术创作者

中国古典建筑在世界古典建筑领域中也一直很有代表性。它们是中国劳动人民的智慧结晶，是一座座永垂不朽的丰碑。

我希望中国古典建筑在未来的发展中，能够去除"古"字，继续发扬光大，亦成为当今乃至未来建筑的一种不可或缺的形式。这本书是一个很好的媒介，有助于广大读者认识古典建筑，发扬古典建筑文化。

——子夜－鸟　高级古建摄影师

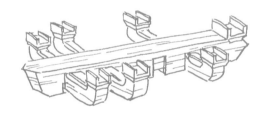

第5章

斗栱

第 1 章

出材

树的"心性"——南北各异

树生长于自然，就像人生长于社会，心性各不相同，每棵树的秉性也不一样。传统大木作工匠们要学的第一课，便是了解树的特性。比如，同一座山上的树，它们生长在山的不同区域，树木的质地就会有很大区别。

生长于山南的树木大而柔弱，水分较大。

生长于山北的树木偏小，
但质地紧密。

树的"心性"——地域之别

土壤肥沃，雨水丰沛地区的树木生长迅速且高大，但强度不足，难堪大用；随着时间推移，容易发生形变和开裂。

贫瘠或高海拔地区的树木，生长缓慢，一旦成材则为上等栋梁，不易变形或断裂且历久弥新。

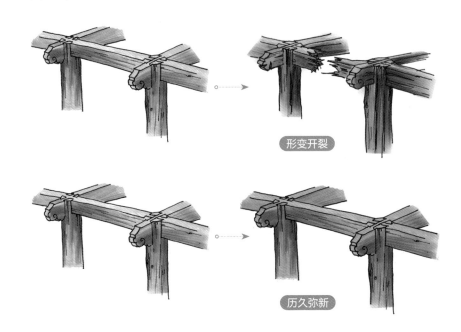

形变开裂

历久弥新

树的"心性"——时令有依

伐木的季节也十分讲究，通常情况下最佳的伐木季节为农历八月十五到立春之前。除传统民俗文化及风水理念影响外，开春以后树木便开始大量吸收营养物质和水分，开枝散叶，这样的木材容易腐朽、虫蛀和断裂，不适合用作栋梁。

脆弱易断

虫蛀

树的"心性"——各司其职

在经验丰富的"掌墨"（领头木匠）眼中，一棵树的尺寸、强度、水分和长势都决定了其在建筑中所扮演的角色。

此外，一栋建筑的木料基本出自同一座山，这样的建筑才能拥有更好的质量和寿命。因为生长在不同山上的同类树种，其质地相差很大。用不同出处的木材"拼凑"而成的建筑，其寿命和质量都比较差。

软杂木

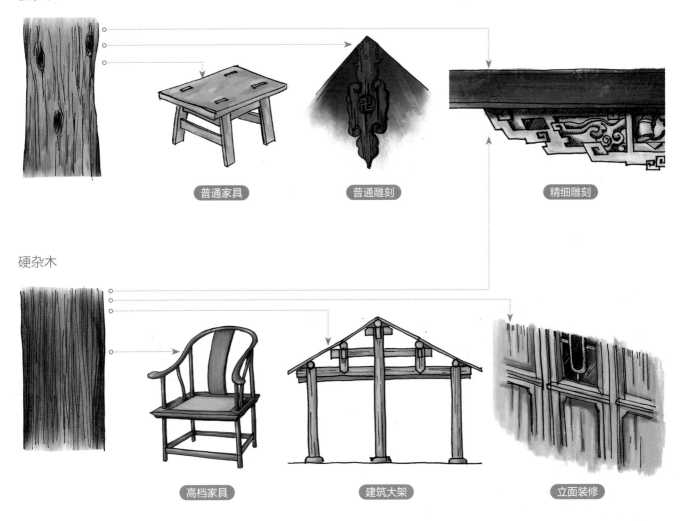

普通家具　　　　普通雕刻　　　　精细雕刻

硬杂木

高档家具　　　　建筑大架　　　　立面装修

建筑大架：在古典建筑营造体系中，木匠们为了方便施工调度和交流，常把"梁""枋""柱""斗栱""桁"等大型构件称为"大架"，以与"雀替""吊柱"一类的小构件区分开。

常用木材

不同的建筑需要不同的木材，通常木材可分为"软木"和"硬木"两大类。大宗用量的木材必须在生长周期、韧性、水分、强度和成本等多因素上互相平衡。在古典建筑中常用木材包括但不限于以下几种。

常见软木

主要特点：生长周期短；出材率高；强度低；易加工。

常见用途：一般大架；非承重性构件；普通雕刻。

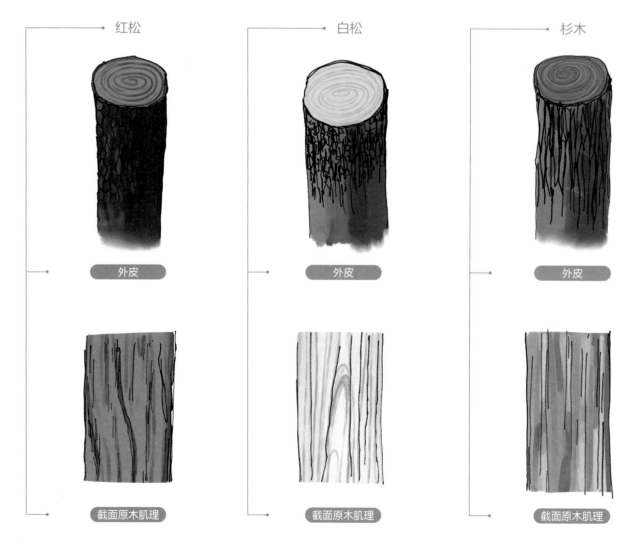

红松　　　　白松　　　　杉木

外皮　　　　外皮　　　　外皮

截面原木肌理　　　截面原木肌理　　　截面原木肌理

实际上，大木作的木材选择范围极其广泛，同一栋建筑所使用的木材少则两三种，多则十余种，在这里就点到为止。

常见硬木

主要特点：生长周期长；出材率低；强度高；难加工。

常见用途：大架；小木作装修；高端雕刻。

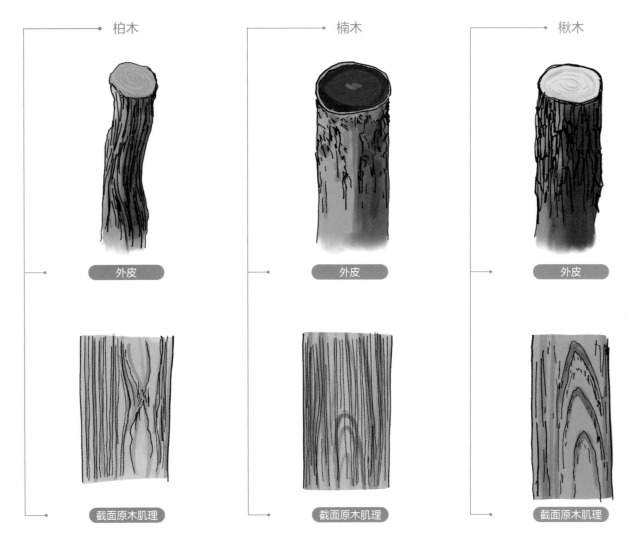

柏木　外皮　截面原木肌理

楠木　外皮　截面原木肌理

楸木　外皮　截面原木肌理

选材

选材对于大木作而言是一切的
起点，也是保证一栋建筑存续
的根本。通常，选料必须由"掌
墨"亲自参与。

在林场选材的过程中，"掌墨"
会根据每一棵树的质地、年龄、
形态来预先判断它们在建筑营
造过程中的"角色"。换言之，
每砍一棵树都已经预先对其作
用给出了判断，而不是简单地
收集材料。

伐木

大料选定以后，专门的伐木工便会将大树砍伐并运往空旷场地进行第一次粗加工，加工后成品即"毛料"。

过去木匠会使用拉锯或者大锯伐木。

木料运输

在大型机械出现之前，放倒的大树几乎无法用人力运下山，因此过去大料下山常采用"山涧滑道"与"水运"结合的方式。

工匠会在林场附近找寻合适的小山涧，开挖下山沟渠。

下雨时，雨水便汇聚到沟渠中。木料在水、沟渠和人力的多重作用下，滑下山。

山涧滑道

晒料

刚刚采伐的新木，水分含量较高，这样的木料热胀冷缩系数较高，容易开裂。因此木匠去皮之后，木材会放置在干燥场所，风干，通常时间为数月。

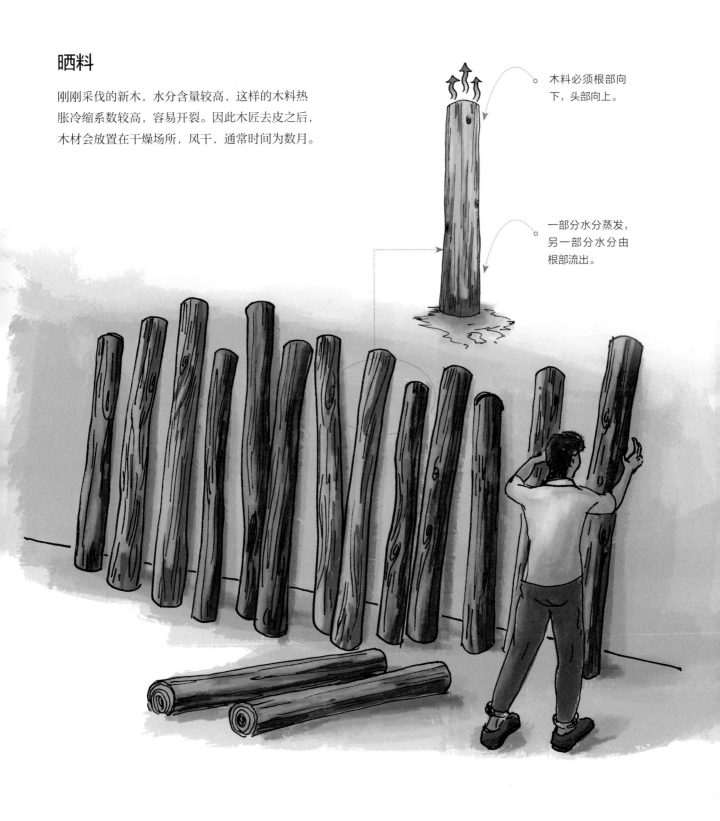

木料必须根部向下，头部向上。

一部分水分蒸发，另一部分水分由根部流出。

放排运输

大宗的木料运输，通常采用水运，木匠会用绳子和铁链将木料捆绑成大型木筏，俗称"放排"。

铁链

绳子

"放排"入水后，会有木匠沿途照看和控制木筏前进。

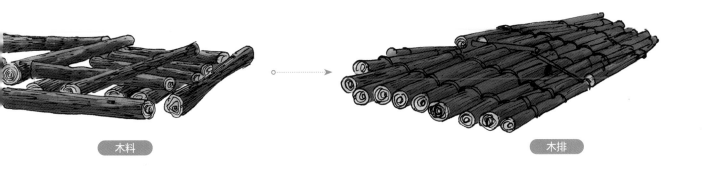

木料 木排

木料通过"放排"沿江（或河）而下，其他木匠则提前
赶到下游相应渡口拦截，并装运至料场进行下一步加工。

木料加工

三角马

木料由专人运往开料场后，木匠
需选取废料，制作专门的大木作
支架，俗称"三角马"。

去皮

三角马做好后，大料会被吊装其
上，木匠随即开始去皮。

常用工具：锛

木料到达山下之后，便被集中运往附近的河流。

在南方，传统的木料运输多采用水运，根据用料的数量可分为"木筏运输""独木运输""放排运输"三种方式。其中放排运输会和大宗的石料运输结合。

木筏运输

适用于小宗的木料运输，比如单栋建筑（亭子一类的小建筑）。

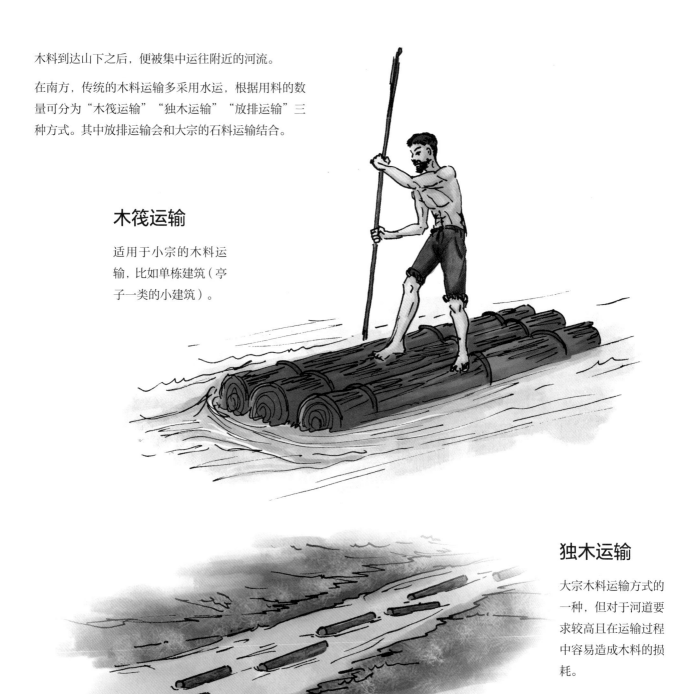

独木运输

大宗木料运输方式的一种，但对于河道要求较高且在运输过程中容易造成木料的损耗。

泡料

昂贵的硬木，则会用水泡法，即将木料放置在水池或者鱼塘中半年甚至数年之久。"泡料"相比"晒料"用时更长，一些木料会浸泡十余年之久。

在这个过程中，木料的营养物质（树脂）会逐渐稀释，纤维更密实。

这样处理过的木材可以有效地防虫防腐，且更加坚硬。

毛料的定型

毛料可大致分为"柱形"和"矩形"两种，以适应不同的构件加工需求。

柱形料

矩形料

段料的加工

一旦毛料的前期准备工作完成，便需要对木料进行粗加工，工匠会使用拉锯将大型木材根据实际需要切割成不同的大小。

图中展现的是常用的"断料"方法，一般用于矩形或圆形木料的切割。

大号拉锯

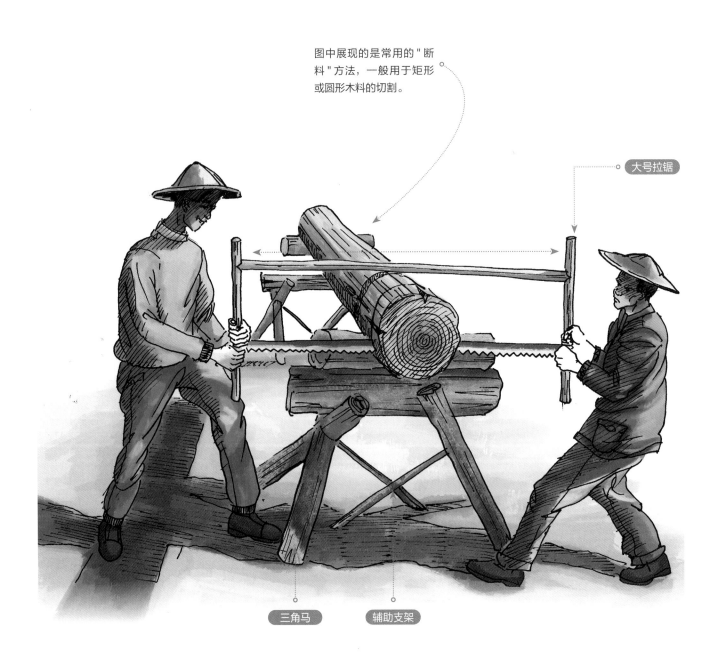

三角马　　辅助支架

板材的加工方法

板材作为传统建筑营造中常用材料之一，
其加工方法与段料加工方法不同。

方法（一）

右图展现了中型板材的切割方法，
除需要两人成组使用大号拉锯之
外，并不需要三角马辅助，重点在
于木匠之间要配合默契，注意节奏
和身体平衡。

方法（二）

右图展现了大型板材的切
割方法，较第一种方法，
整个加工需要使用更大的
拉锯，且对工匠体力的考
验更加严苛。

大型矩形料

辅助支架

方法（三）

右图展现了小型板材的加工方法，
基本上可由单人使用中号或小号拉
锯完成。加工的重点在于固定手和
拉锯操作手的有效配合。

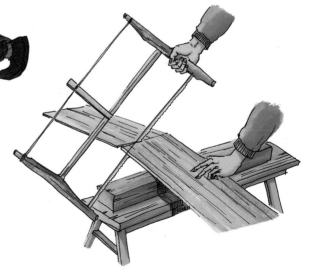

大木匠的工具

木工工具对于古典建筑工匠而言，等同于画家的画笔。每一个称职的木匠都有最少一套完整的工具随身，这些工具大部分都由工匠自制，工具的日常保养和维修也需要亲自操作。把工具比作木匠们的生命也不为过。

木匠的工具种类丰富且各司其职，根据功能可大致分为凿子、锛、斧、锯、尺、墨斗、钻等。在现代电动工具普及前，一套完整的大木匠工具通常数量为两百件左右。

本书作者的父亲与他珍贵的家传大木作工具。绘于 2022 年春。

鉴于木匠工具的数量众多，且体系庞杂，本书仅挑选一些有代表性的常用工具来介绍。

墨斗

墨斗是古典建筑营造技术的智慧结晶，一栋建筑中所有构件的大小、位置、方向、样式均需由大师傅用墨斗一笔一画绘制出来。大师傅不仅是大木作工匠之首，同时也是建筑设计师、结构师和规划师，是一个队伍的灵魂人物。而每一位大师傅都必须熟练掌握墨斗的使用，所以这些大师傅被尊称为"掌墨"，即掌控墨斗之人的意思。

木制墨斗

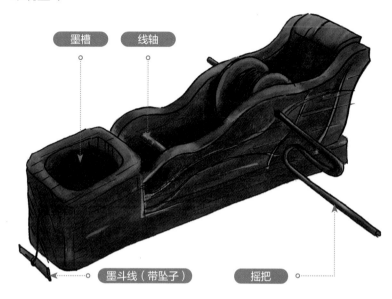

墨槽　线轴

墨斗线（带坠子）　摇把

水牛角制墨斗

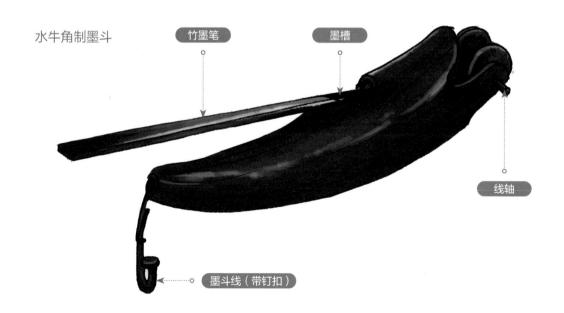

竹墨笔　墨槽

线轴

墨斗线（带钉扣）

尺子

测量工具也是大木作体系中不可或缺的一员，在古典建筑营造中常见的尺子可分为曲尺和丈杆。

丈杆

掌墨即大师傅根据建筑大小，会特制一把基础模塑尺。每一栋建筑都有对应的丈杆，不能互通套用。

常见曲尺

辅助墨斗绘制参考线，也可用于测量木材和构件的尺寸。

折叠曲尺

曲尺的变种，基础功能和常见曲尺相同，特点是可以变换为不同角度。

其实建筑构件的表面加工，并不只用前文提到的推刨，凿子也是铲平和外形粗加工的重要工具。凿子根据功能可基本分为以下六类。

大洗凿

与三十二分凿同属于大型凿子，常用于大型构件的表面铲平，如去除树皮等。

平凿

这种凿子尺寸小于大洗凿，刀刃平直且窄。常用于中型构件的表面铲平、榫卯加工等。

大平凿

这种凿子的功能类似于大洗凿。常用于大构件表面铲平、树枝修剪、树疙瘩清理等。

推刨

推刨是大木作工具体系中常见的大类。针对不同的加工需求，推刨衍生出了数十种尺寸和类型。本书仅介绍一些常见的推刨。

长推刨

推刨中最大的一种，常用于大构件表皮的大面积抛光。

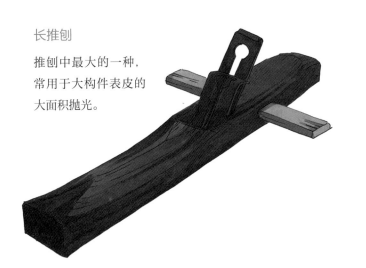

中推刨

推刨中最常用的一种。常用于中大构件表面二次抛光，以及中小构件首次抛光。

除上面所介绍的常见推刨外，在大木作的装修体系中，还有一些特殊的推刨。

按推刨

推刨中的特殊类型。常用于装修环节中构件的抛光。

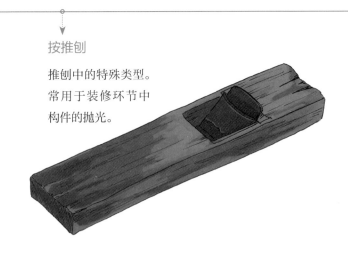

圆推刨

推刨中的特殊类型。别致的弧形底面和弧形刀刃专用于不同尺寸的柱子表面抛光。

小推刨

推刨中的特殊类型。常用于中小构件精加工和打磨。

线刨

推刨中的特殊类型。细小的刀刃，宽边的整体造型是其突出特点。这种推刨专用于装修中门窗线条花纹的加工。

槽刨

推刨中的特殊类型。刀刃和整体造型类似线刨，但结构更复杂一些。这种推刨专用来加工门窗、走马板等装修构件的榫卯。

凿子

凿子是大木作工具体系中另一类重要工具，与推刨相同。由于加工需求有差异，凿子也衍生出了数十种类型和大小。这些多样的凿子能有效适应不同的建筑构件加工。

根据凿子的尺寸大小可基本分为以下四类。

四分凿

主要用于加工小型构件的凿眼、榫卯、精细花纹雕刻等。有时也会用于大型构件的细节调整工作。

六分凿

主要用于加工中小型构件的凿眼、榫卯和纹样雕刻等。

十二分凿

主要用于加工中大型构件的凿眼、榫卯和大面积的纹样雕刻等。

三十二分凿

主要用于加工大型构件的凿眼、榫卯等。

锯子

锯子在大木作工程中，常用于切割木材、加工出基本形状等粗加工环节，在整个建造过程中使用率较低。

小拉锯

大木作拉锯体系中最小的锯子，常用于切割小木材和小构件。

中拉锯

大木作拉锯体系中比较多见的中型锯子，常用于切割中等木材和构件。

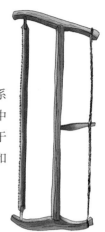

大手锯

常用于切割大树干。

小手锯

常用于清理树皮、倒刺和处理小构件外形。

大拉锯

大木作拉锯体系中最大的锯子，主要用于切割大板材和毛料。

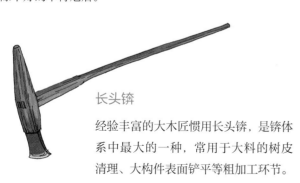

锛

锛是古典建筑大木作中比较特殊的一种工具，其外形类似于斧头和锄头的结合。主要用于大型构件的表面粗加工，铲平、去除不好的木材疙瘩。

长头锛

经验丰富的大木匠惯用长头锛，是锛体系中最大的一种，常用于大料的树皮清理、大构件表面铲平等粗加工环节。

手锛

学徒或经验较少的木匠常使用手锛，是锛体系中常见的工具。它常用于中小型木料的树皮清理、中小构件表面铲平等粗加工环节。

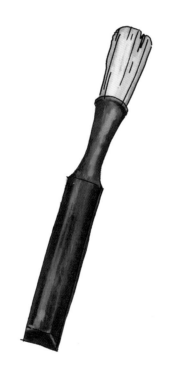

圆口凿

凿子中的特殊类型，
最显著的特点是弧形
的刀口。这是一种专
用于精细雕刻和圆形
构件加工的凿子。

短平凿

平凿的变种，小于大
平凿。常用于小型构
件的表面铲平、榫卯
加工等。

小平凿

平凿中最小的一种，常用
于榫卯精加工、精美的小
面积雕刻等。

敲击工具

前文中讲到的凿子、锯子、推刨等属于加工类工具。大木匠的敲击工具较少，基本包括了下面3种。

响子（大）

与小响子功能近似，但更适用于梁、枋、柱一类的大型构件组装。

响子（小）

木制的手持槌专用于建筑组装，顾名思义，木槌敲击时会发出响声。木匠根据响声辨认木构件是否已经安装正确。

锤斧

常用于辅助响子敲击木材。

榫卯模

在建筑加工中，榫卯的大小与每栋建筑尺寸成一定比例关系。为了节省加工和计算步骤，掌墨师傅会根据建筑大小提前制作一套对应尺寸的榫卯模板。

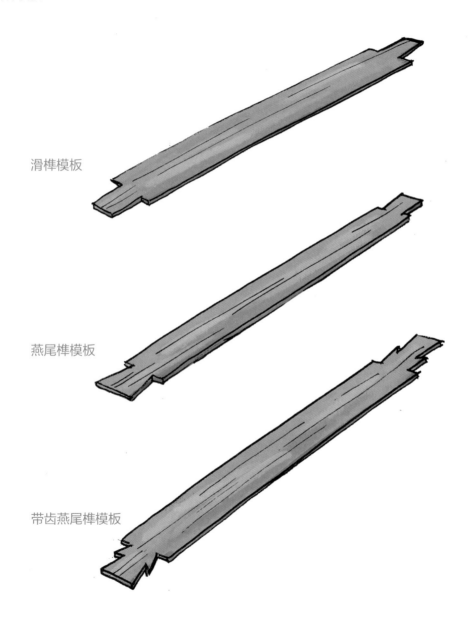

滑榫模板

燕尾榫模板

带齿燕尾榫模板

第 2 章

柱

柱的作用

通常大家都喜欢强调"斗栱"在传统建筑中的"地位"，但回归到建筑结构本身，最核心的结构当属"柱""梁""枋"三大元素，它们是一切大木作的基础。

而"柱"作为三大核心结构之一，犹如人的脊梁一样，把无数构件串联在一起。在传统建筑选料过程中，往往选用最好、最大的树木做"梁"和"柱"，"枋""斗栱""桁"等构件次之，以此类推。

扫码观看视频

柱的加工

从严格意义上说，柱的加工并不是直接抛光成圆形木料，需要经过以下工序。

弹线：木匠根据建筑图纸，用墨斗在圆形木料表面画出参考线。

四边：先用大号工具（如拉锯等）切割成长方体。

六边：使用拉锯一类的中号工具进一步加工，将长方体切割为六边形。

八边：细化外形，由六边形切割为八边形。

十二边：以此类推，使用手锯和推刨一类的小号工具不断细化到十二边形。

圆柱：最终切割为光滑、整齐的圆形柱子。

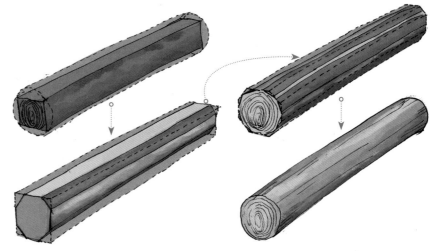

通常柱子的上部会被削去一部分，称为"收分"，顶端做"卷杀"处理。

收分是一种常见于柱子上的工艺。工匠从柱子中上部开始从下往上削去部分木材，使其整体形态呈曲线且向上逐渐缩小。而卷杀是对柱子的顶部进行弧形倒角加工。

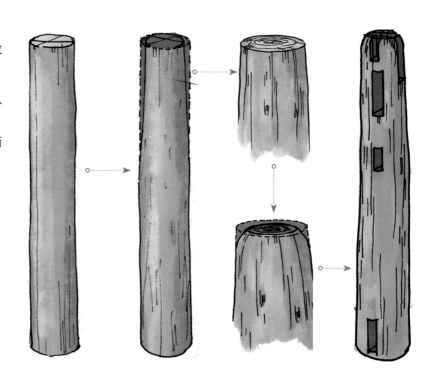

廊柱

廊柱位于建筑檐柱外侧,用于建造附檐,在传统建筑中并不起眼,
但功能性极强,灵活运用于各种传统建筑中。

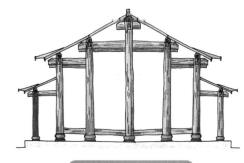

廊柱侧立面定位示意图

屋面

檐柱

廊柱

檐柱

在没有廊柱的建筑中，檐柱位于柱网的第一排。与廊柱不同，檐柱是建筑立体结构的重要组成部分，详见下图。

檐柱侧立面定位示意图

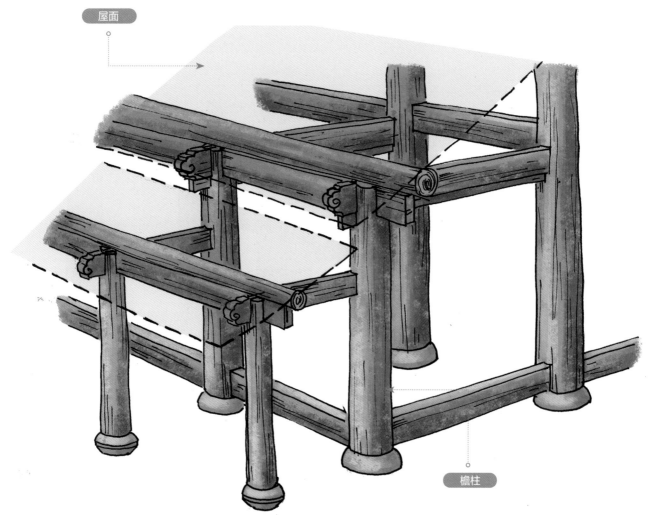

屋面

檐柱

金柱

金柱位于檐柱和中柱之间，金柱根据进深方向可分为前金柱和后金柱，它们与中柱（一些结构中也可以省略中柱）构建了传统建筑的主要室内空间。

金柱侧立面定位示意图

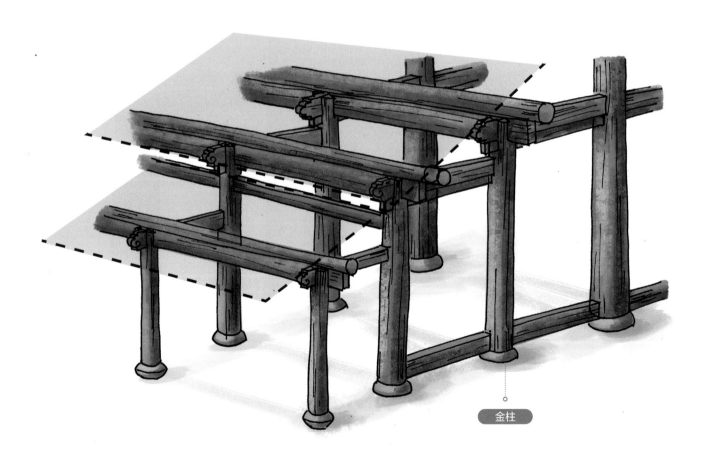

金柱

中柱

建筑侧面中心最高的柱子就是中柱，中柱的尺寸往往是所有柱子中最大的，木材质量是最好的，它犹如人的脊柱，承载和衔接的构件是所有柱子中最多的。

扫码观看视频

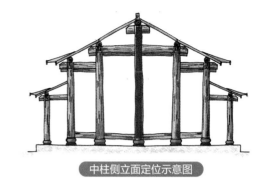

中柱侧立面定位示意图

中柱

多边形柱

除了常规的圆柱，在很多地方的建筑中还可以看到造型特殊的多边形甚至异形柱。但这一类柱子，通常需要耗费更多木材，对工匠的技艺也有更高的要求，所以并不多见。

莲瓣柱   棱柱   方柱

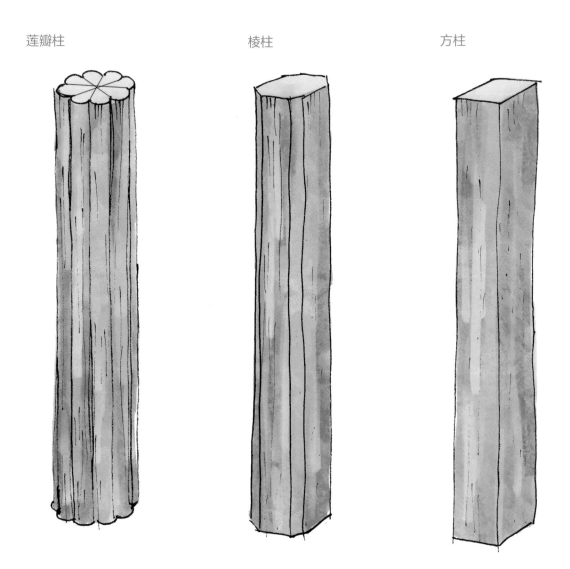

蟠龙柱

蟠龙柱，又称盘龙柱，属于结构柱体系中比较特殊的一种。其最大的特征就是柱身装饰有完整的升龙雕刻或者降龙雕刻。这种柱子常见于宫殿一类等级比较高的主体建筑外廊。

山西晋祠圣母殿升龙蟠龙柱

洪洞县碧霞圣母宫降龙蟠龙柱

北宋 。

明代 。

童柱

童柱常用暗榫和角背固定于下层梁上部，起到支撑和连接上下梁架的作用，其尺寸小于檐柱等"大柱"，根据其具体的尺寸和装饰风格又可细分为"侏儒柱"或"蜀柱"等。

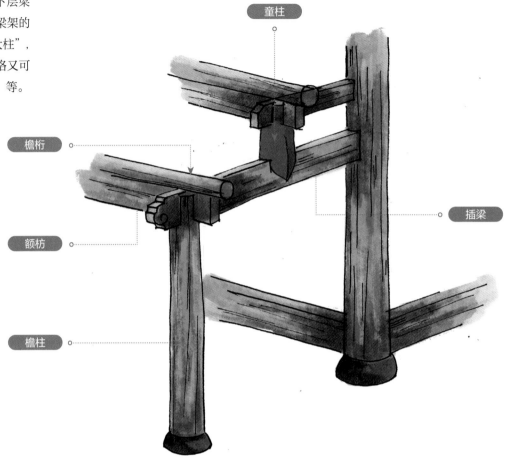

童柱

檐桁

额枋

檐柱

插梁

普通柱形

常见的童柱没有复杂的雕刻，由于造价低廉，所以常见于普通民居中。

雕刻柱形

与前者不同，童柱也演变出了带有雕刻和特殊造型的变种，这些柱子的用料通常更好，且雕刻做工更加精细。

童柱的加工

童柱虽然尺寸较小，但加工的难度并没有减小，比如细节雕刻、
卷杀、榫卯加工等都比较复杂。

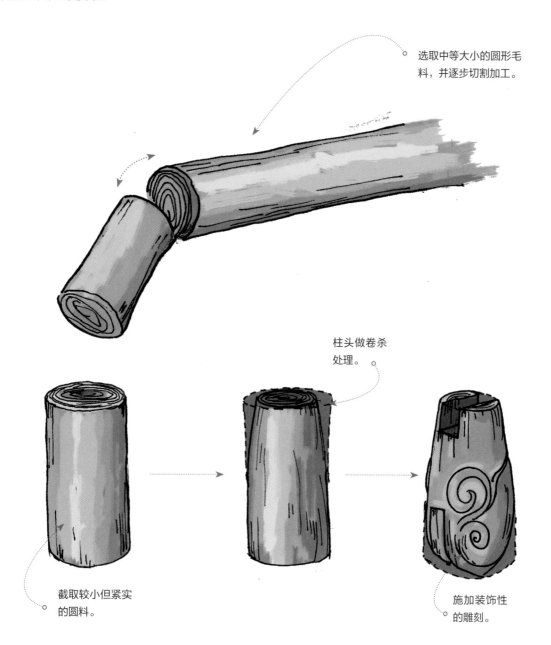

选取中等大小的圆形毛
料，并逐步切割加工。

柱头做卷杀
处理。

截取较小但紧实
的圆料。

施加装饰性
的雕刻。

雷公柱

与前文介绍的其他柱子不同，雷公柱是"倒掉"使用的，常见于亭类建筑的正中心，或者一些特殊圆顶建筑，比如天坛。雷公柱在结构上是所有角梁的交汇点。

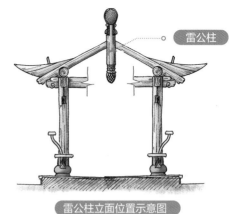

雷公柱

雷公柱立面位置示意图

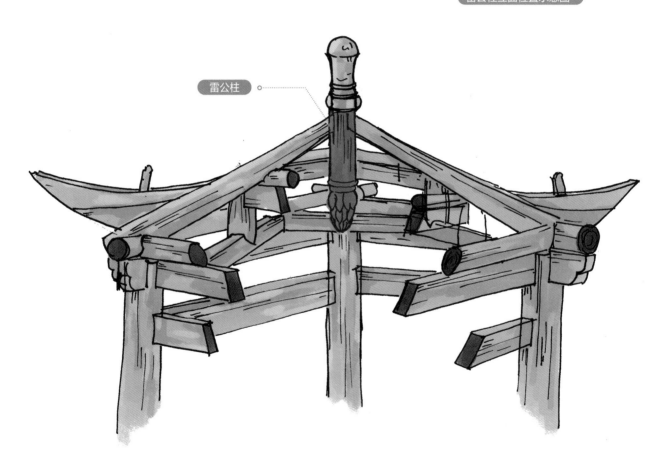

雷公柱

吊柱

吊柱与雷公同为"倒掉"使用，一般常见于民居建筑院落中的厢房，通过大梁和插梁连接于檐柱外侧，用于扩展二层室内空间。

扫码观看视频

扫码观看视频

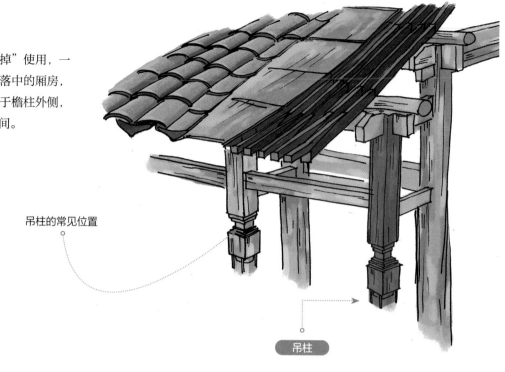

吊柱的常见位置

吊柱

吊柱的功能

吊柱最大的特点是在不破坏建筑结构的前提下，有效扩展建筑二层的使用空间，同时还能延长屋檐的长度。

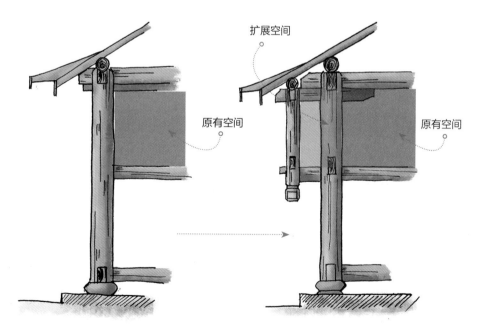

扩展空间

原有空间

原有空间

雷公柱的样式

雷公柱比其他"小柱"的雕刻样式少，但也有一些主流的吉祥纹样。

普通灯笼样式

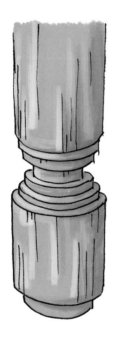

如意金瓜样式

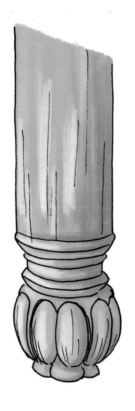

彩绘反莲花样式

雷公柱的加工

由于雷公柱特殊的用途，其加工也很特殊，不仅需要考虑角梁（梁篇章有详细介绍）的榫卯交接，同时还需要考虑顶端宝顶的安装。

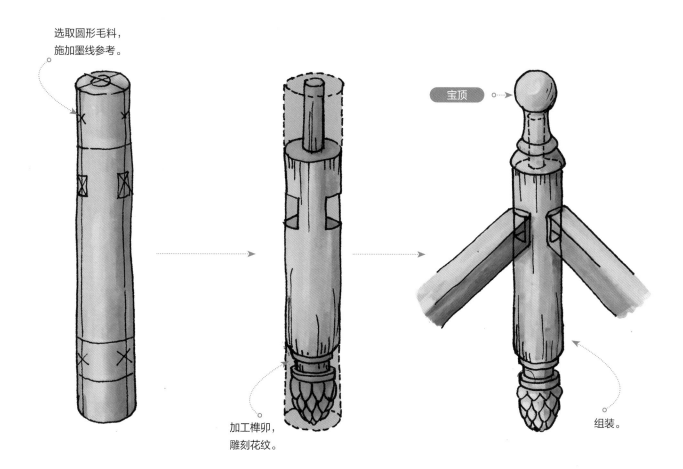

选取圆形毛料，
施加墨线参考。

加工榫卯，
雕刻花纹。

宝顶

组装。

吊柱的加工

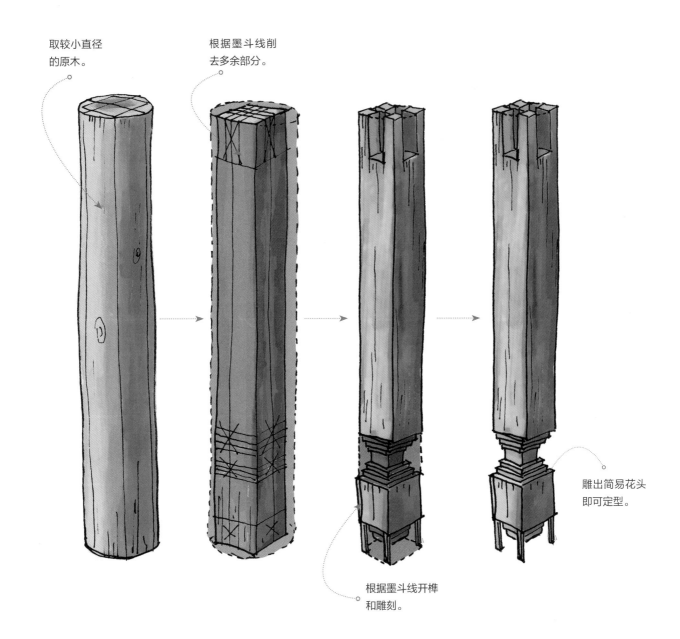

取较小直径
的原木。

根据墨斗线削
去多余部分。

根据墨斗线开榫
和雕刻。

雕出简易花头
即可定型。

吊柱的样式

吊柱头的样式很多，且复杂。但主题都有吉祥如意的寓意。

普通灯笼样式

灯笼的具象化形式，由于"添灯"和"添丁"字音相似，因此带有祈求多子的含义。

葡萄纹样式

葡萄果实密集成串，有多子多福的寓意。

带须宫灯样式

带须宫灯和灯笼的含义近似，但等级规格高于灯笼。

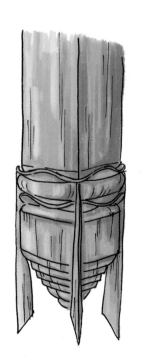

顶柱

与前面提到的几种柱子不同，顶柱更像是一种纯功能性的柱子。常见于大型建筑的斗栱结构中，对建筑，尤其是屋顶结构起到辅助支撑作用。在清代一些出檐比较深的官式建筑中被广泛使用。

官式建筑的90°转角斗栱处。

牌楼斗栱区域。

顶柱的加工

作为附加的支撑构件，顶柱通常会
选用质地较好的硬杂木类圆形毛料
或矩形毛料加工。

一般顶柱的纹样比较简单，但在
一些重要的宫廷或宗教建筑中，
则会施加华丽的雕刻。

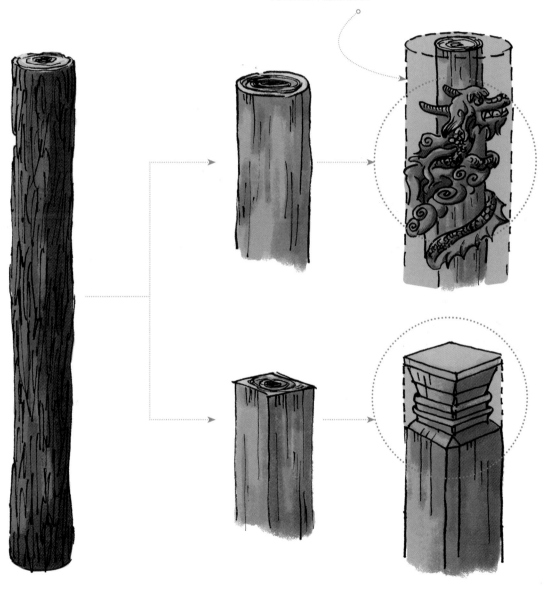

站柱

站柱和顶柱都是辅助类的结构小柱，常见于立面装修和木制围栏区域。它与顶柱加工流程和选材要求类似，但用料尺寸较小。

木装修常见站柱，详
见装修章节。

木装修常见站柱，
详见装修章节。

第 3 章

枋

枋的作用

枋是大木作传统建筑中不可或缺的核心构件之一。其主要的功能是连接建筑正面各房间，将梁串在一起。

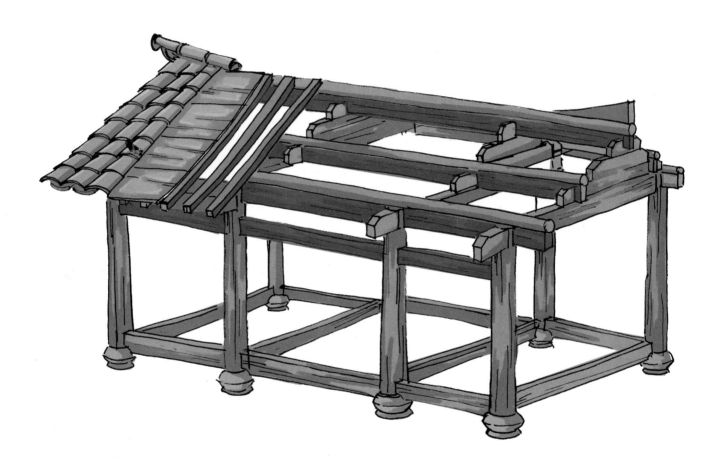

枋的种类和位置

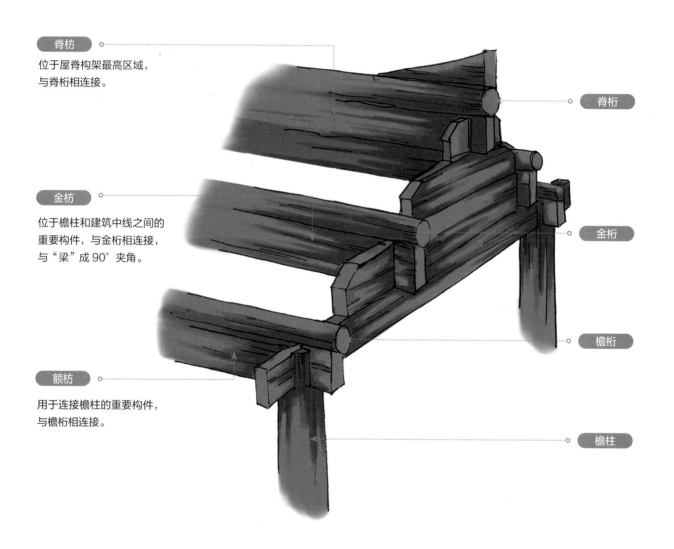

脊枋
位于屋脊构架最高区域，
与脊桁相连接。

脊桁

金枋
位于檐柱和建筑中线之间的
重要构件，与金桁相连接，
与"梁"成 90°夹角。

金桁

檐桁

额枋
用于连接檐柱的重要构件，
与檐桁相连接。

檐柱

枋的加工

枋的加工是大木架加工中比较有代表性的一类，其基本步骤可以分为粗加工、精加工、榫卯加工、雕刻四个部分。

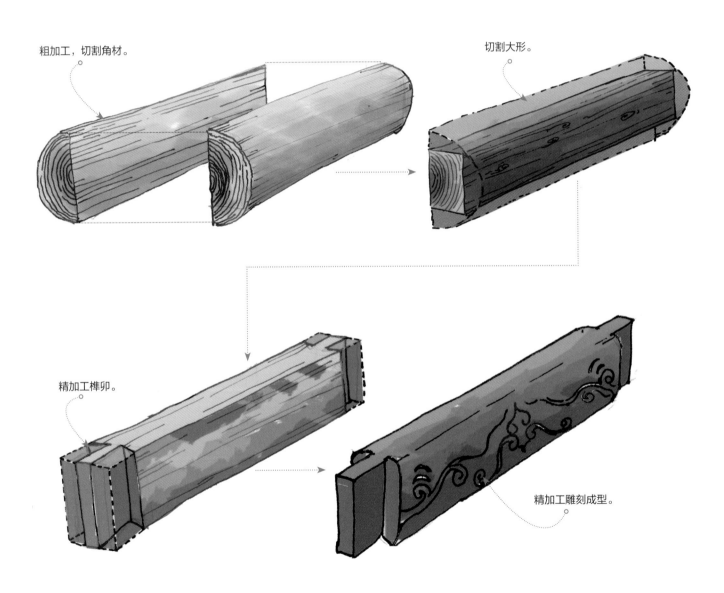

粗加工，切割角材。

切割大形。

精加工榫卯。

精加工雕刻成型。

枋的样式

矩形枋

总的来说，枋的整体截面大多为矩形。这种类型的枋在民居、宫殿建筑中都属于常见类型，是一种相对经济节约的枋。

矩形枋

檐柱

特殊枋带雕刻

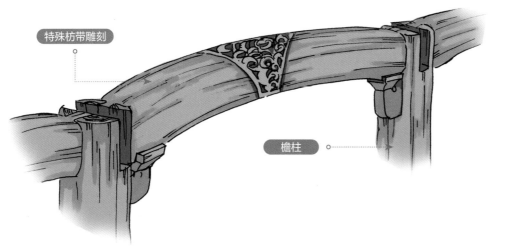

檐柱

虹形枋带卷杀

在一些等级较高的建筑中，也会出现弯曲多变且附带雕刻的特殊枋，比如江西一些地方的宗祠，戏台上也有很多可考实例。

楼楞枋

楼楞枋为第二层地面的承重构件。它不仅用于连接二楼的木架结构，同时也与腰梁和承重梁一起构成楼板铺设的基础。

楼楞枋的基本构成

从下图可以清晰地看出楼楞枋、二层承重梁、柱子之间的结构关系，三者缺一不可。

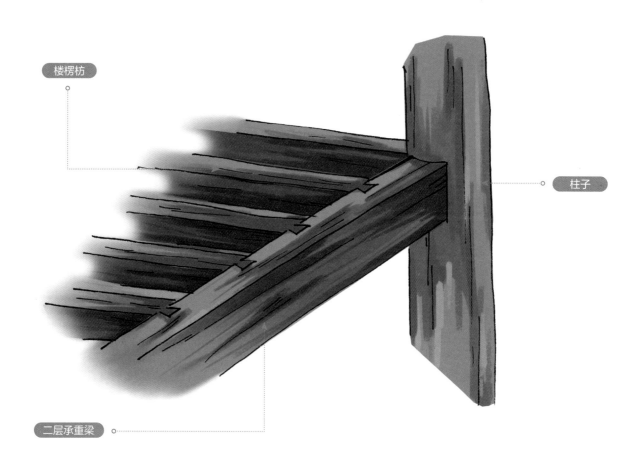

楼楞枋

柱子

二层承重梁

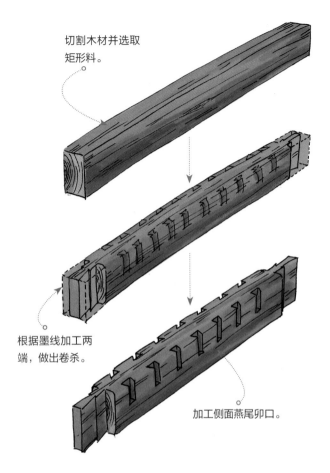

切割木材并选取
矩形料。

根据墨线加工两
端，做出卷杀。

加工侧面燕尾卯口。

承重梁加工

承重梁虽然不属于枋类构件，但由于它的结构用法，以
及与楼楞枋之间的组合关系非常紧密，因此将其放在本
章解析。

承重梁一般尺寸较大，主要原因是需要承载大量楼楞枋
和楼板的重量，在选材上需要格外重视一些。

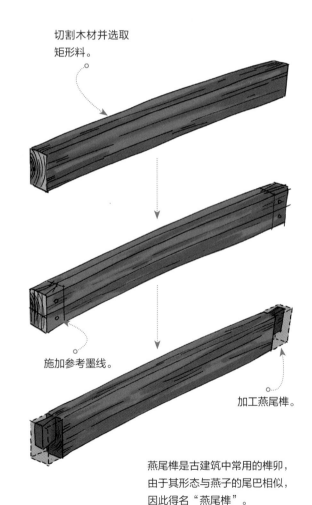

切割木材并选取
矩形料。

施加参考墨线。

加工燕尾榫。

燕尾榫是古建筑中常用的榫卯，
由于其形态与燕子的尾巴相似，
因此得名"燕尾榫"。

楼楞枋加工

与承重梁不同，楼楞枋的尺寸较小，
虽然同样需要承载楼板的重量，但由
于数量众多。因此在选材上没有承重
梁严格，当然在预算宽裕的前提下，
好木材依然为首选。

楼楞的组装

下图展现了楼楞枋、二层承重梁、腰枋、柱子的组合关系和逻辑。

扫码观看视频　　扫码观看视频

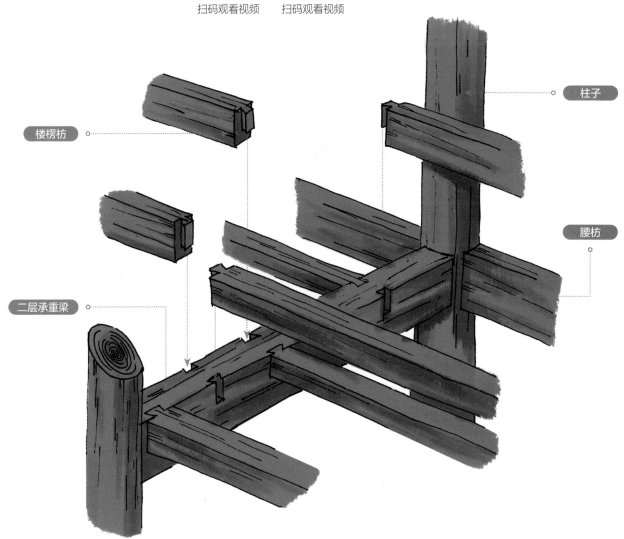

楼楞枋

二层承重梁

柱子

腰枋

普柏枋

普柏枋是承载斗栱的重要构件，其形状多呈扁宽的长方形，就像托盘一样承载斗栱基座。常见于大型官式建筑的外廊额枋上。

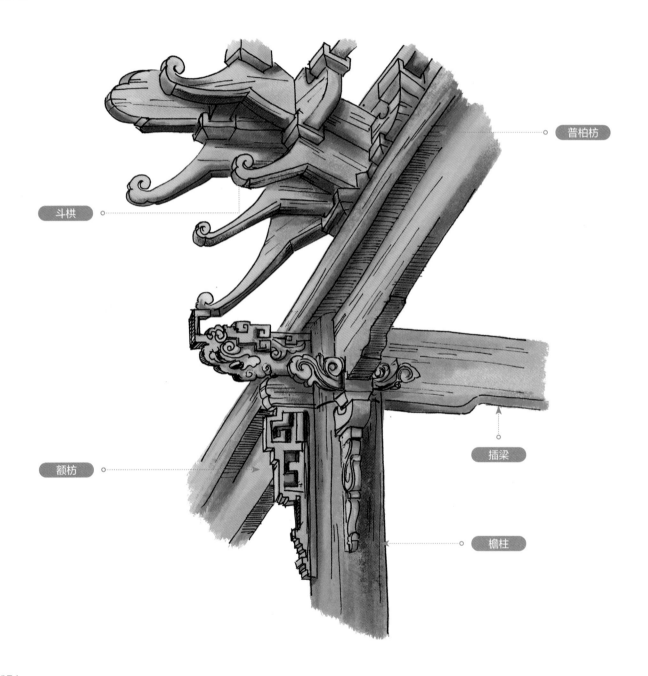

普柏枋

斗栱

插梁

额枋

檐柱

雀替

雀替是一种常见于建筑正面的小构件，多
位于檐柱与额枋之间的90°夹角上。

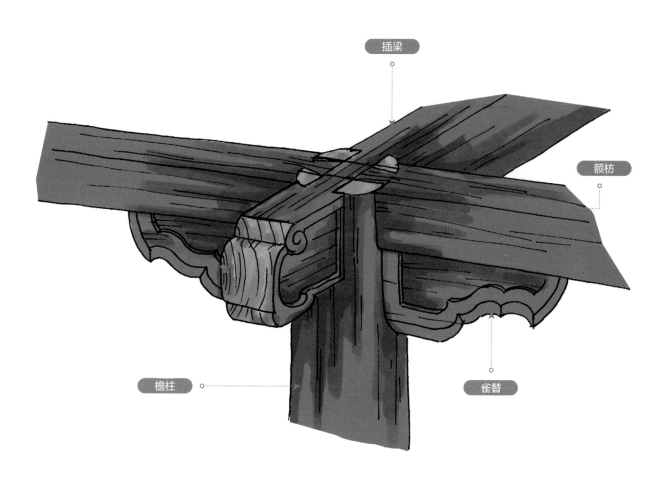

插梁

额枋

檐柱

雀替

在古典建筑中，为了方便归纳这一类装饰性小构件，掌墨师傅会根据构件朝向将其与相应的大构件归类，而大多数雀替
与枋方向一致，因此雀替也归属到枋的章节。

普柏枋的组装

下图表现的是檐柱、额枋、梁、普柏枋的组合关系。这些构件从不同方向紧密结合，构成了十分牢固的结构。而结实的结构也为承载斗栱，以及屋顶提供了基础条件。

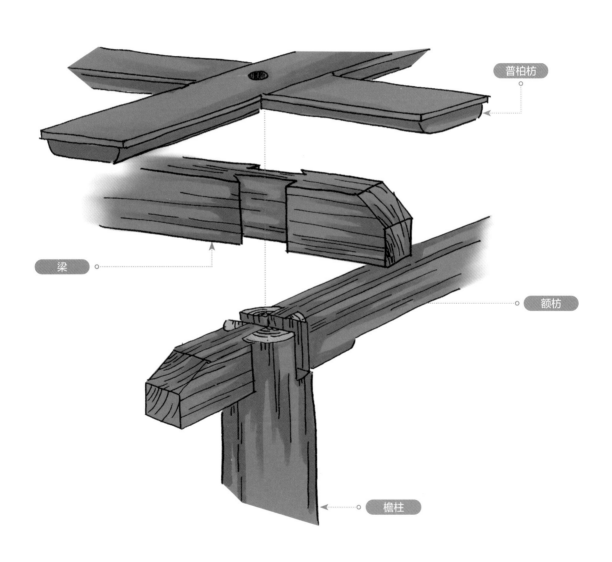

普柏枋

梁

额枋

檐柱

普柏枋的加工

普柏枋的加工相较于其他类型的枋要
简单一些，其榫卯也多为滑榫，但底
面常用暗榫加固与额枋的衔接位置。

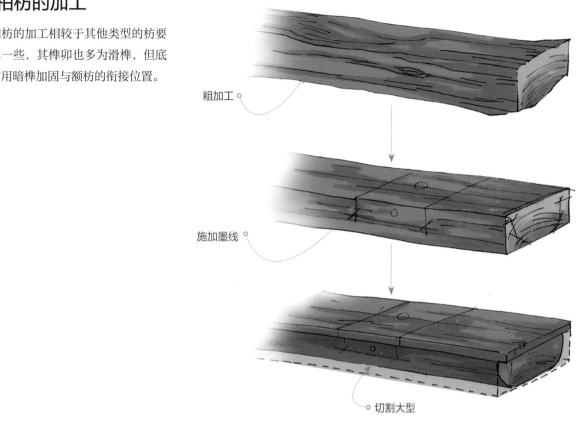

粗加工

施加墨线

切割大型

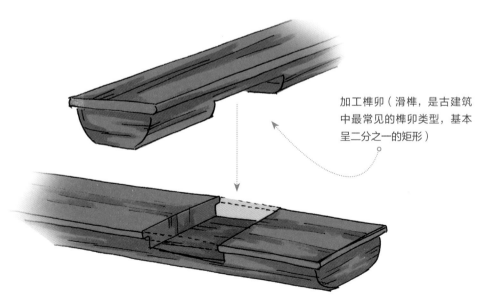

加工榫卯（滑榫，是古建筑
中最常见的榫卯类型，基本
呈二分之一的矩形）

雀替加工

通常小构件的外形和榫卯的加工比大构件要简单一些。例如雀替，它的加工遵循了粗加工铲平表面、用墨斗画出参考线、基本外形切割、榫卯加工、雕刻装饰几个步骤。

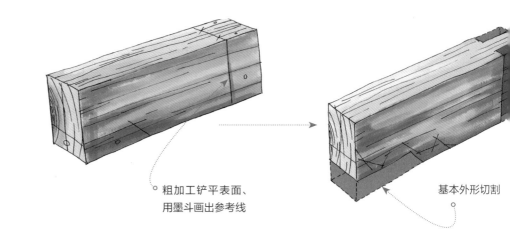

粗加工铲平表面、用墨斗画出参考线

基本外形切割

雀替的安装

雀替的安装也比较简单，在额枋、梁、柱的组装完成后，才开始安装雀替。由于雀替的榫卯多为滑榫，因此安装比较直接，一些工匠为了增加雀替的稳固性还会使用铁钉。

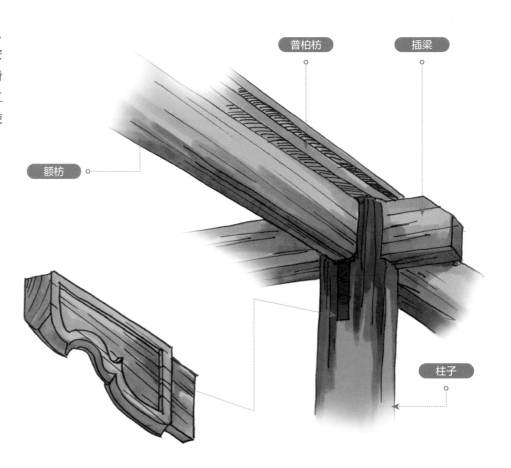

普柏枋

插梁

额枋

柱子

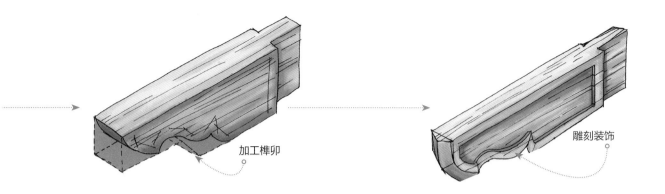

加工榫卯

雕刻装饰

雀替的功能

雀替安装好后，能够产生向上的支撑力，当一座建筑正面开间（柱子与柱子之间的距离）较大时，工匠便会选用雀替一类的构件加以辅助。但本质上雀替的结构功能要弱于装饰功能。

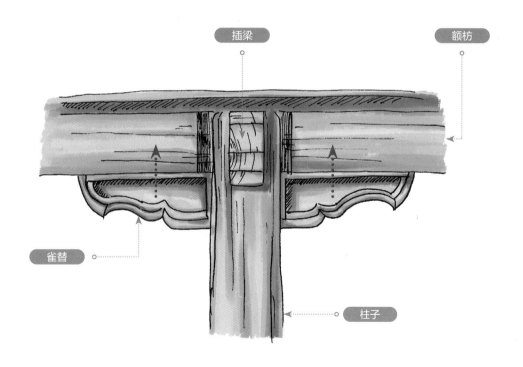

插梁

额枋

雀替

柱子

雀替的雕刻

作为常见且显眼的建筑小构件，施加精美的雕刻增加其审美趣味和文化寓意是必然的选择。后面要介绍的牛腿、斜撑也不例外。

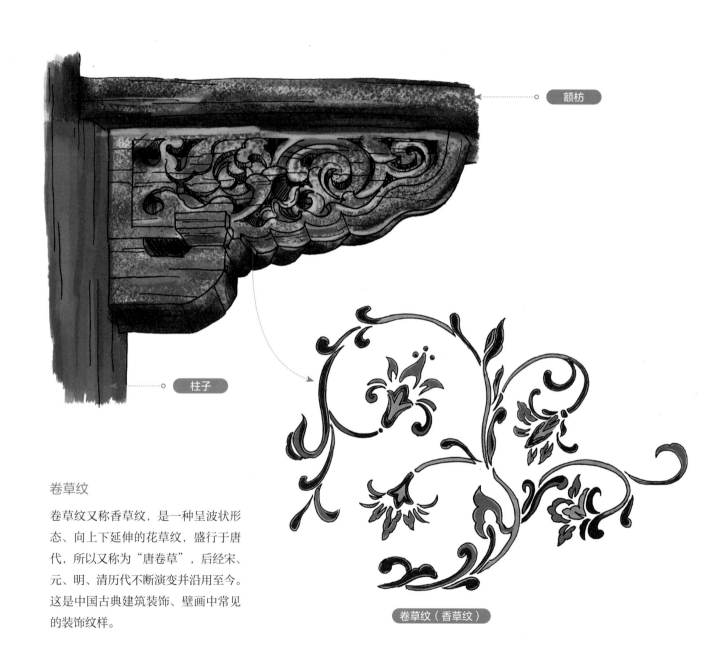

额枋

柱子

卷草纹（香草纹）

卷草纹

卷草纹又称香草纹，是一种呈波状形态、向上下延伸的花草纹，盛行于唐代，所以又称为"唐卷草"，后经宋、元、明、清历代不断演变并沿用至今。这是中国古典建筑装饰、壁画中常见的装饰纹样。

除植物纹之外，瑞兽和神兽也是常见的雀替装饰纹样。

草龙纹

草龙纹是螭龙纹与香草纹结合的产物。草龙纹寓意为美好、吉祥、招财，也有男女感情融洽的寓意。其次草龙纹属于建筑装饰龙纹中等级最低的一种。

草龙纹雀替

草龙纹的出现也颇有趣味性，一种常见于民间木匠群体的解释是，由于受社会文化的影响，古代民众也喜好龙纹，但碍于礼制等级的限制不能直接使用，便将龙纹和香草纹结合，淡化了龙纹的形象，回避了等级制度对龙纹的使用权限制。

牛腿

牛腿与雀替都属于小木构件。在功能上也很接近，属于辅助抬升构件。

吊柱

额枋

牛腿

檐柱

牛腿的加工

牛腿虽然位置和形态大小不同于雀
替，但加工步骤是类似的。

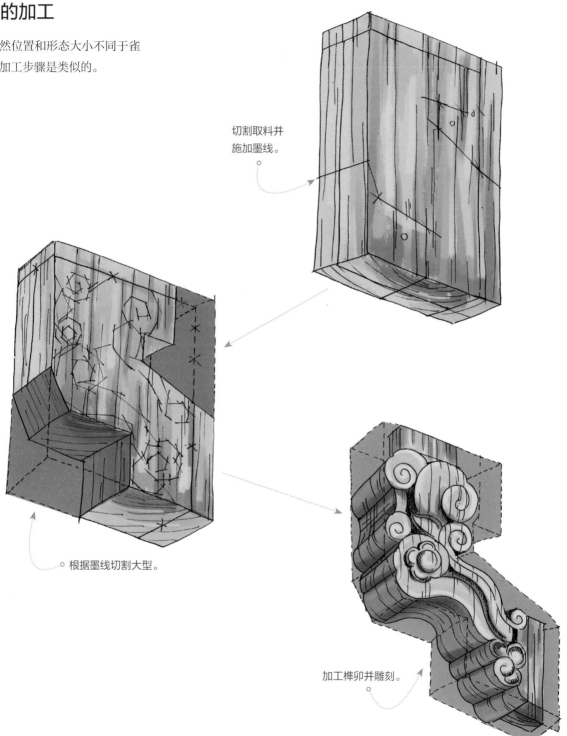

切割取料并
施加墨线。

根据墨线切割大型。

加工榫卯并雕刻。

牛腿的安装

牛腿的安装与雀替基本相同，榫卯种类也多为
滑榫或者半榫。不同的地方在于，牛腿尺寸更
大，装饰性更强。

牛腿的功能

在一些使用了吊柱的建筑中，牛腿在一定程度上强化了建筑结构的稳定性，增强了承载屋顶的能力。但与雀替单独使用不同，牛腿通常与吊柱结合使用。

无牛腿建筑

有牛腿建筑

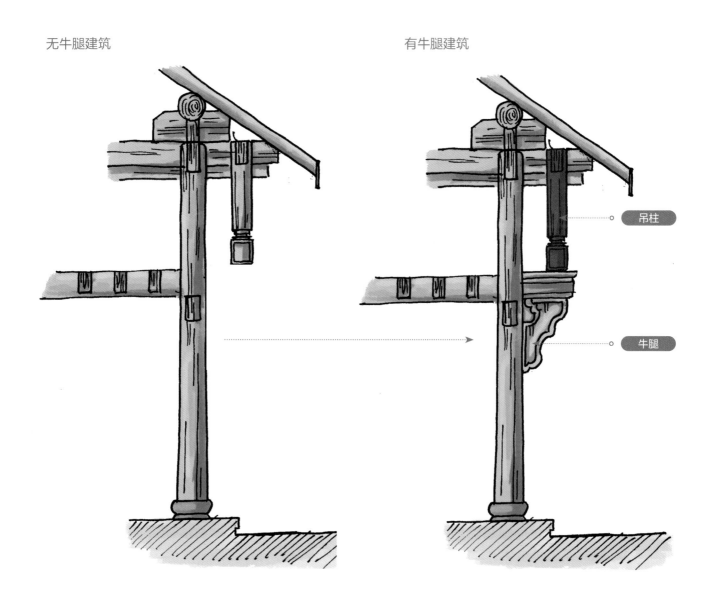

吊柱

牛腿

牛腿的装饰

与雀替一样，牛腿也是有精美雕刻的常见构件。其内容囊括了历史故事、神话传说、吉祥装饰纹样等。

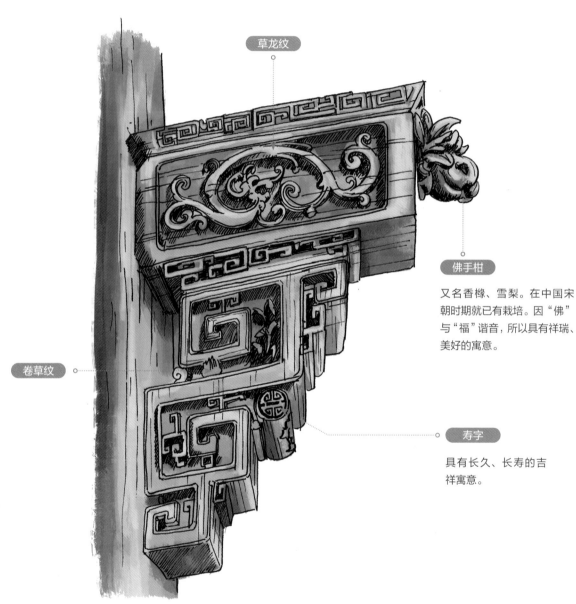

草龙纹

佛手柑

又名香橼、雪梨。在中国宋朝时期就已有栽培。因"佛"与"福"谐音，所以具有祥瑞、美好的寓意。

卷草纹

寿字

具有长久、长寿的吉祥寓意。

牛腿的装饰多种多样，除了抽象的纹样，具象的动物、人物雕刻也是不可或缺的。

人物群雕

狮子

狮子为草原上的"百兽之王"，象征权势，同时也有神圣、吉祥的寓意。这组雕刻是一头母狮和两头小狮子，有"母仪天下"和"儿女双全"之意。

幼狮

祥云

石榴

石榴有子孙昌盛、多子多福的含义。

斜撑

斜撑的加工

斜撑和牛腿在功能上都属于辅助支撑类构件，其加工流程也基本相同。但相比牛腿，斜撑整体尺寸更长且窄，对于木料品质的要求要低于牛腿。此外，斜撑表面雕刻的变化也要少于牛腿。

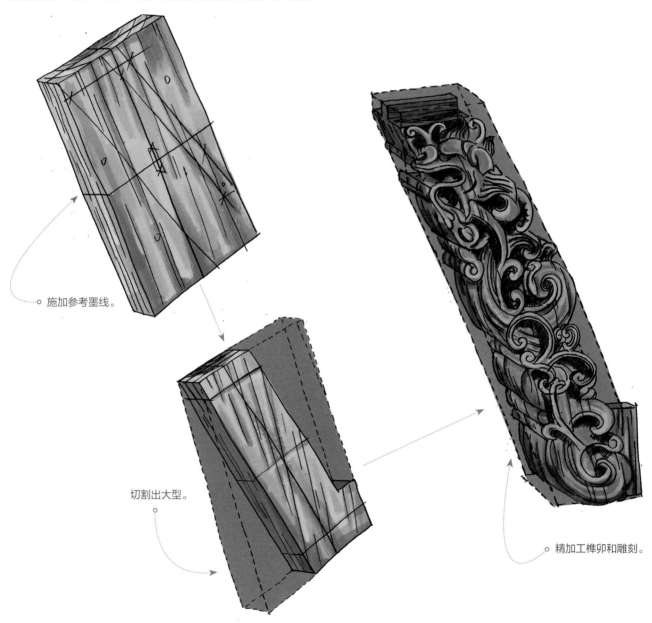

施加参考墨线。

切割出大型。

精加工榫卯和雕刻。

斜撑的安装

斜撑与牛腿、雀替安装方法类似。作为辅助构件的斜撑，也必须在主体建筑大架完成之后安装。

挑檐枋

插梁

檐柱

吊柱

花罩

虽然花罩与雀替的安装区域基本相同，即建筑正面两个柱子之间，通常位于明间（一座建筑中间跨度最大的区域），但其几乎没有结构作用，可视为一种更加纯粹的艺术装饰。

花罩横梁部分

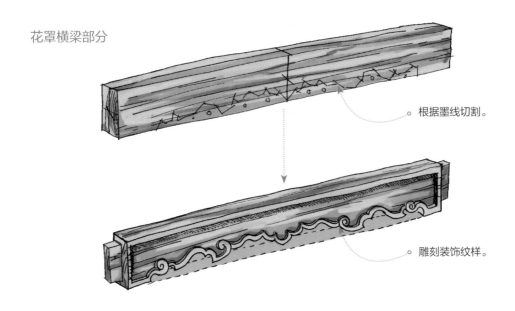

根据墨线切割。

雕刻装饰纹样。

花罩雀替部分

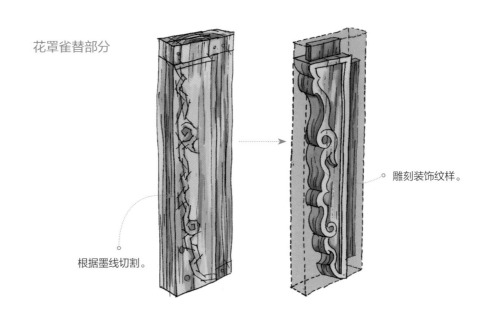

根据墨线切割。

雕刻装饰纹样。

花罩的安装

因为同样使用简单的滑榫配合铁钉，花罩与雀替组装基本相同。但由于完整的花罩一般都由三个部分构成（如下图所示）。所以先安装最长的横向花罩横梁，再加装两端的花罩雀替。

花罩横梁部分

额枋

柱子

花罩雀替部分

花罩的装饰

古典建筑中的雕刻无处不在，花罩也不例外。但与雀替和牛腿相比，花罩的雕刻纹样更单一，比较常见的花罩都以植物纹样装饰，如香草纹。

山西玄鉴楼唐卷草纹装饰花罩

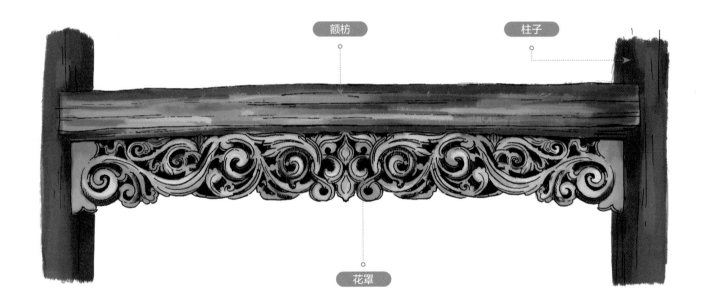

额枋

柱子

花罩

第 4 章

梁

梁的作用

梁作为与枋同等重要的结构大件，位于古典木构建筑进深方向的柱子顶端。由于梁的承重作用大于"枋"，其选材多为质地较好的木料且整体尺寸较大。

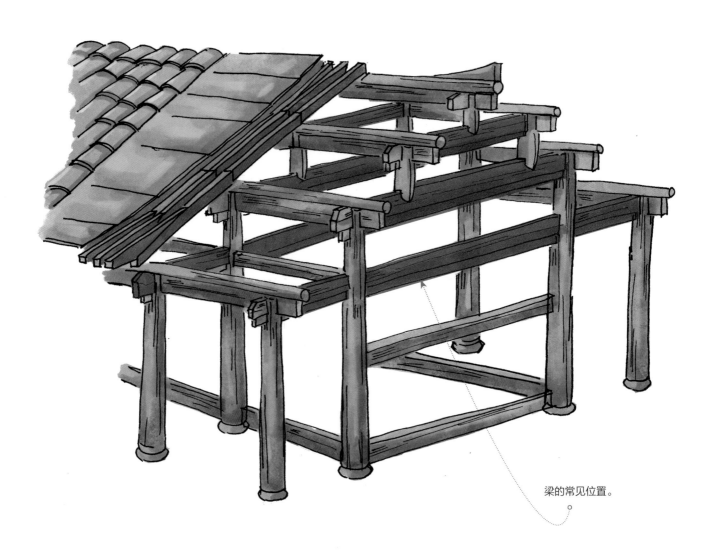

梁的常见位置。

大梁的加工

常见的大梁往往用矩形木材制作，因此整体平直。

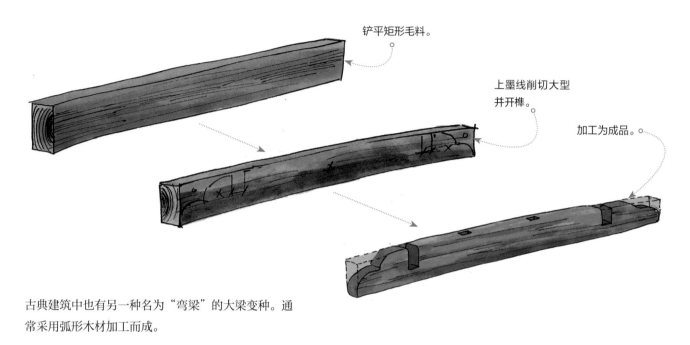

铲平矩形毛料。

上墨线削切大型并开榫。

加工为成品。

古典建筑中也有另一种名为"弯梁"的大梁变种。通常采用弧形木材加工而成。

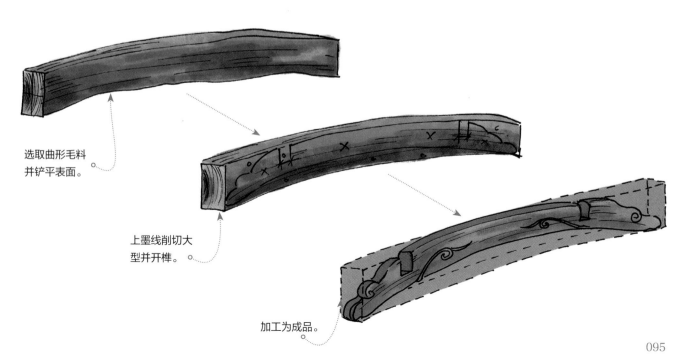

选取曲形毛料并铲平表面。

上墨线削切大型并开榫。

加工为成品。

三架梁

三架梁是位于屋架最高处的横梁，所谓"三"指的是置于梁上的三根"桁"。

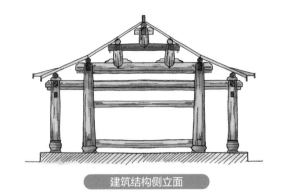

金桁

脊桁

金桁

三架梁

建筑结构立体示意图

五架梁

五架梁是位于大屋架中段位置或者小屋架最低处的横梁，所谓"五"指的是置于梁上的五根"桁"。

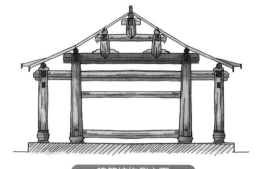

建筑结构侧立面

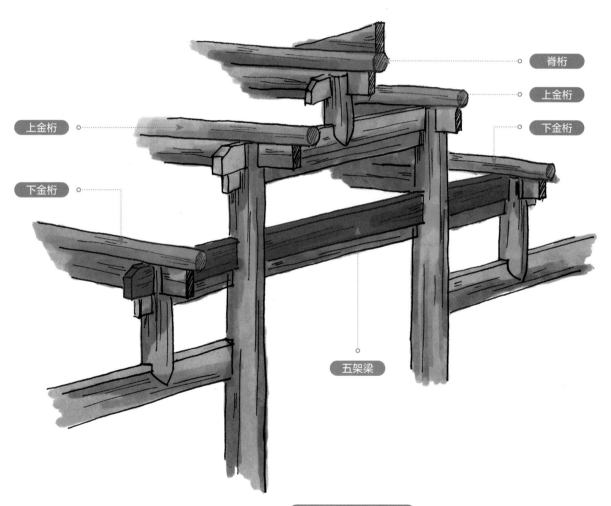

脊桁

上金桁

上金桁

下金桁

下金桁

五架梁

建筑结构立体示意图

七架梁

七架梁是位于大屋架最低处的横梁，所谓"七"指的是置于梁上的七根"桁"。此外，随着屋架的扩大，如大殿类建筑，还衍生出了"九架梁"等更大的构件。

扫码观看视频

扫码观看视频

扫码观看视频

扫码观看视频

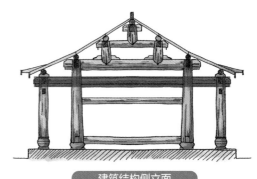

建筑结构侧立面

脊桁

上金桁

下金桁

檐桁

上金桁

下金桁

檐桁

七架梁

建筑结构立体示意图

腰梁

腰梁的作用

顾名思义，腰梁就是位于柱子与柱子之间的"腰部"的梁，一般为中等高度。主要起到增强结构稳定性的作用。

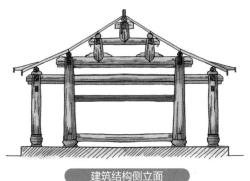

建筑结构侧立面

腰梁

腰梁的加工

优先选用矩形木材进行加工。

大师傅用墨斗、鲁班尺画上加工参考线，并标注榫卯和构件名称。

按标注加工出成品即可。

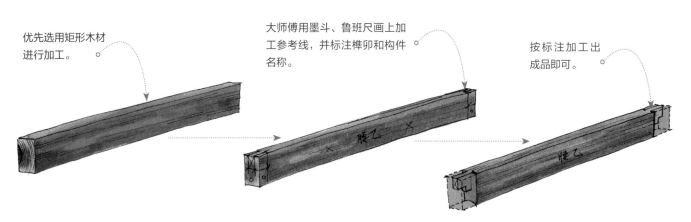

抹角梁

抹角梁常见于矩形建筑的 90° 夹角处、多
角亭的转角处。

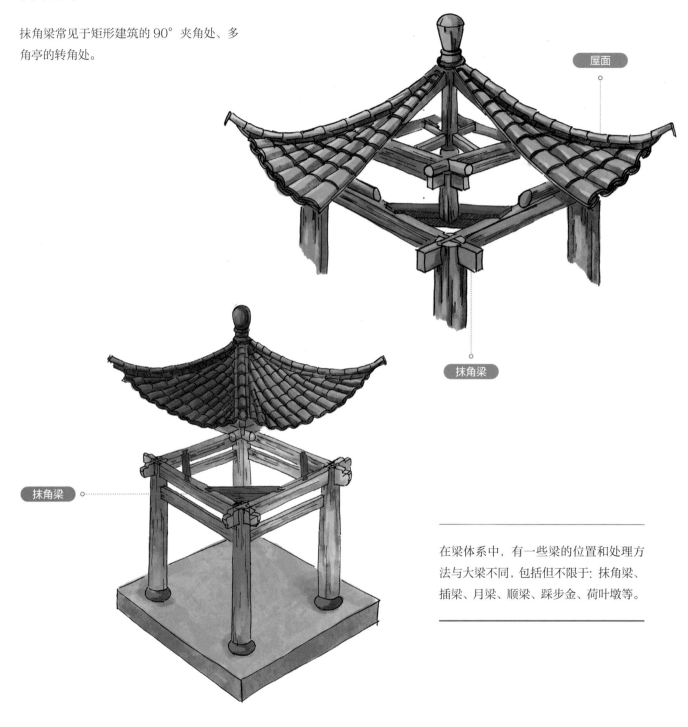

屋面

抹角梁

抹角梁

在梁体系中，有一些梁的位置和处理方
法与大梁不同，包括但不限于：抹角梁、
插梁、月梁、顺梁、踩步金、荷叶墩等。

抹角梁加工

将矩形毛料铲平。

用墨斗画出参考线。

根据参考线加工出榫卯。

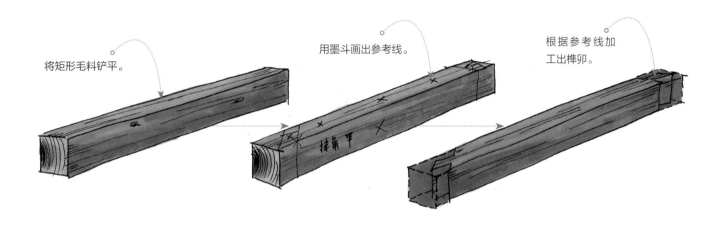

抹角梁安装于两根梁的 90°夹角处。

插梁

插梁位于金柱阵列与檐柱阵列顶部，用于连接两类柱子，形成一个新的空间。普通民居的插梁基本为光面，在富户及宫廷建筑中则常施以雕刻彩绘。

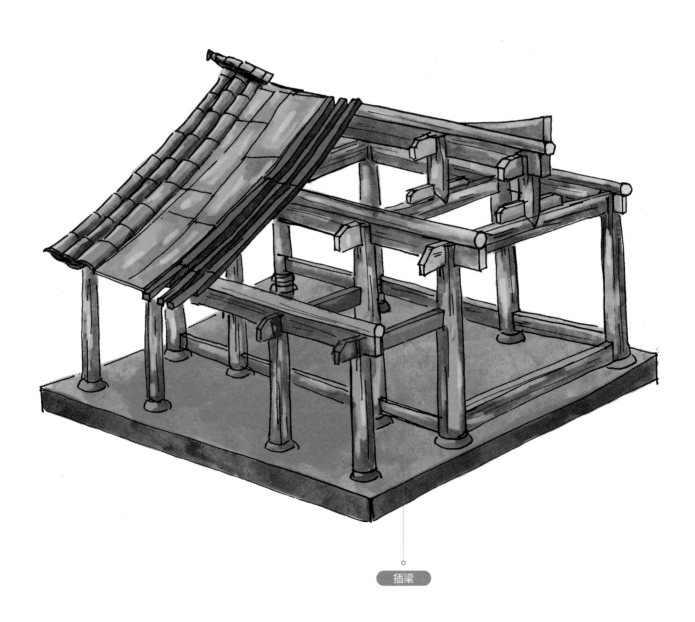

插梁

插梁加工与样式

插梁的加工

将矩形毛料铲平。

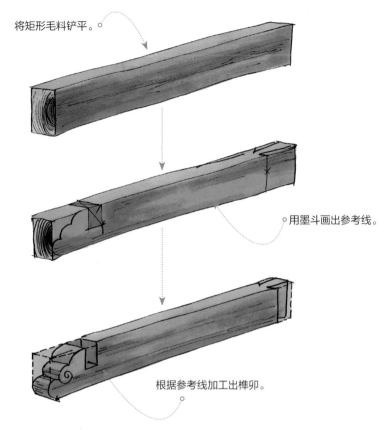

用墨斗画出参考线。

根据参考线加工出榫卯。

梁头的样式

插梁作为大构架的一种，也会根据户主财力和社会等级不同施
加不同样式的雕刻。

插梁梁头区域标注

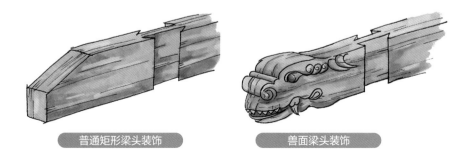

普通矩形梁头装饰

兽面梁头装饰

祥云梁头装饰

插梁的装饰

插梁中部也常常伴有雕刻装饰。不同于梁头的神兽等装饰，中部区域通常采用抽象装饰纹样或模物雕刻，比如扇面、书卷等。

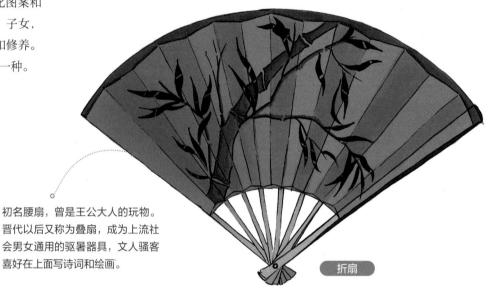

插梁装饰区域标注

扇面插梁雕刻

在插梁装饰中，资金雄厚的户主会要求工匠对插梁中段进行改造。在增加装饰性的同时将一些优秀的传统文化图案和文字雕刻其上。借此熏陶家人、子女，同时也向客人展现户主的品位和修养。而扇面雕刻就是其中比较常见的一种。

初名腰扇，曾是王公大人的玩物。晋代以后又称为叠扇，成为上流社会男女通用的驱暑器具，文人骚客喜好在上面写诗词和绘画。

折扇

竹子

诗词

竹子四季常青，有着顽强的生命力。空心也表示虚怀若谷，柔中带刚。竹节外露，代表着高风亮节，正直清高，深受中国文人的喜欢。

画卷插梁雕刻

画卷是一种常见的中国传统书画装裱样式，是中国传统文化、艺术的重要载体。因此也具有崇文、兴文、推崇诗书传家的内涵。在一些插梁上，工匠也会按户主的要求将画卷雕刻于上，以表现户主对于诗书传家理念的深刻认同。

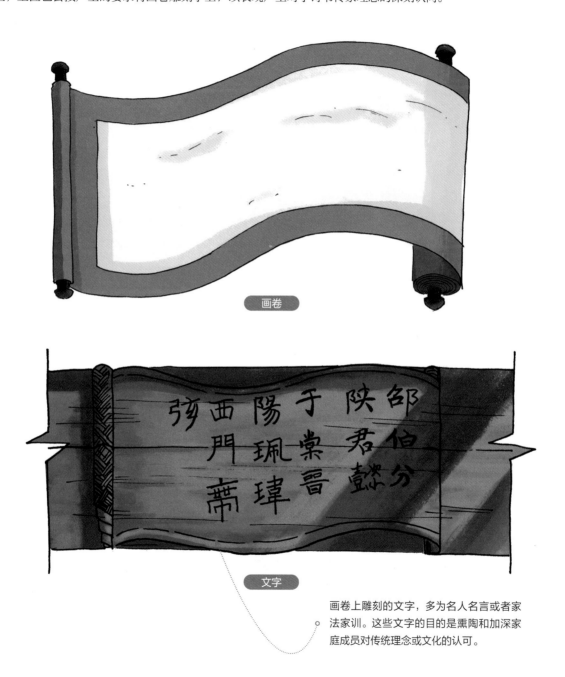

画卷

文字

画卷上雕刻的文字，多为名人名言或者家法家训。这些文字的目的是熏陶和加深家庭成员对传统理念或文化的认可。

角梁

角梁是歇山屋顶和庑殿顶一类高级建筑的核心构件，也属于插梁的一种，位于建筑的转角处，从柱顶连接了内侧金柱和外侧檐柱，是构造这些高等级屋顶的关键。

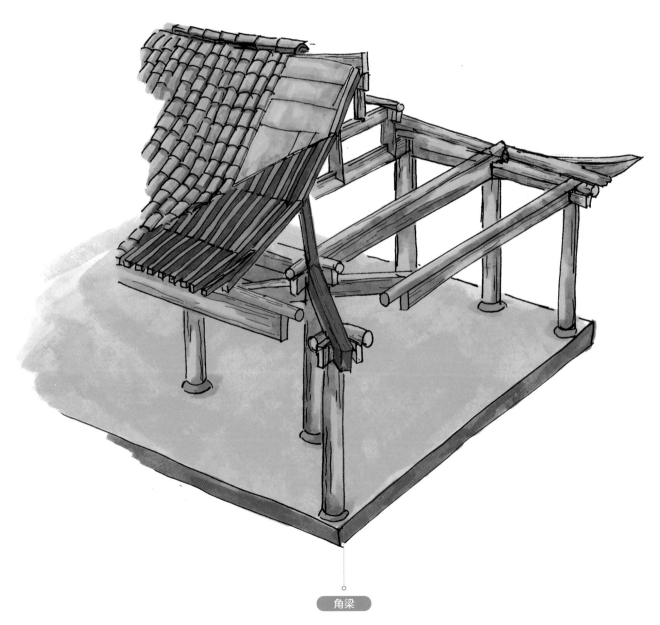

角梁

角梁的加工

因为角梁在屋顶构造中担任非常重要的角色，所以选材也偏向于更好的硬木类。

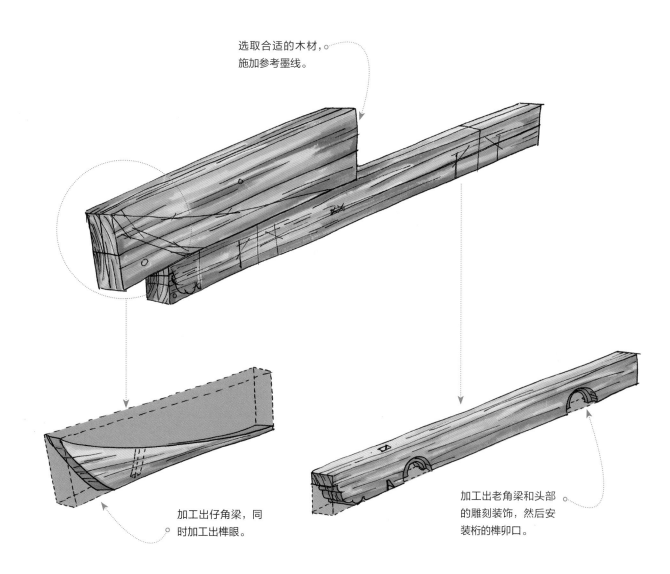

选取合适的木材，
施加参考墨线。

加工出仔角梁，同
时加工出榫眼。

加工出老角梁和头部
的雕刻装饰，然后安
装桁的榫卯口。

角梁的组装

下图展示的为云南地区常见的一种角梁组装方式，这种角梁俗称"大刀角梁"。

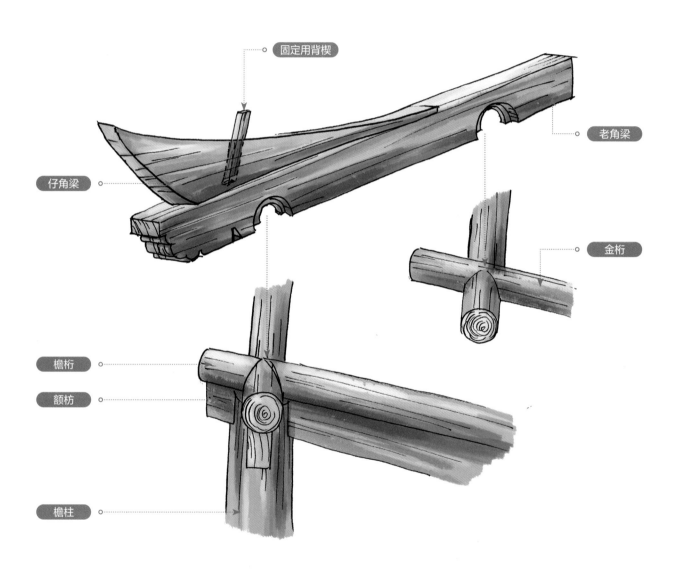

固定用背楔

老角梁

仔角梁

金桁

檐桁

额枋

檐柱

从下图可以看出，角梁是屋顶结构的核心构件之一。它是侧面和正面屋顶衔接的关键构件，而角梁本身与屋面构件（详见屋顶章节）的组合关系也十分密切。

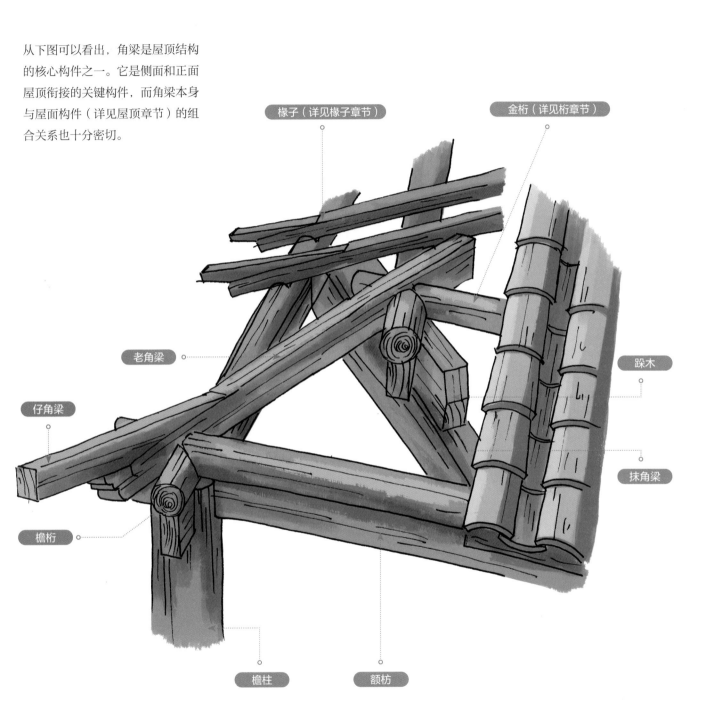

椽子（详见椽子章节）

金桁（详见桁章节）

老角梁

仔角梁

跺木

檐桁

抹角梁

檐柱

额枋

角梁的类型

中国地大物博, 孕育了多样的文化, 建筑技术也随之发生因地制宜的改变。这里仅挑选两种比较多见的地方性角梁的做法加以展示。

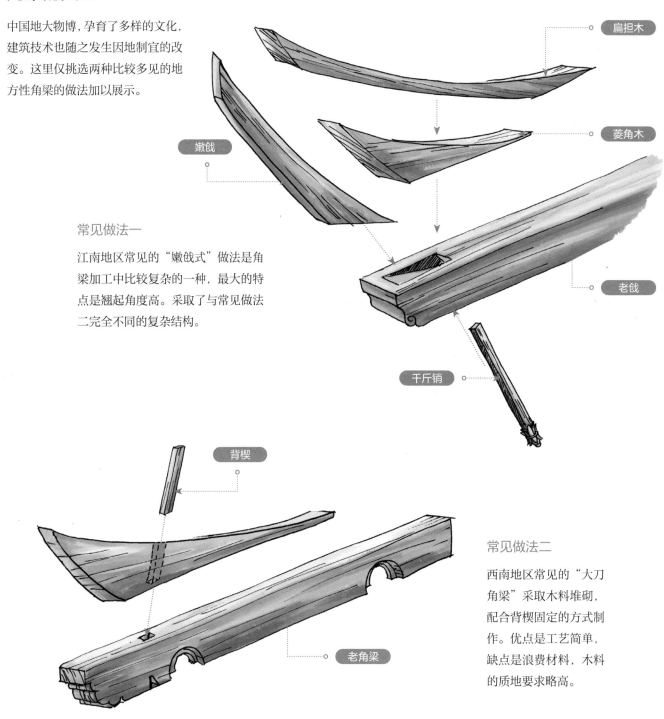

扁担木

菱角木

嫩戗

老戗

千斤销

常见做法一

江南地区常见的"嫩戗式"做法是角梁加工中比较复杂的一种, 最大的特点是翘起角度高。采取了与常见做法二完全不同的复杂结构。

背楔

老角梁

常见做法二

西南地区常见的"大刀角梁"采取木料堆砌, 配合背楔固定的方式制作。优点是工艺简单, 缺点是浪费材料, 木料的质地要求略高。

月梁

月梁又称"乳栿"，是插梁的变种。主要特征有二：其一是表面特殊的雕刻装饰；其二是特殊的月弧造型，故称"月梁"。

月梁

随着时代的发展，虽然一直延续着龙和兽头的样式，但其形象发生了诸多变化。总体而言，年代越古老则造型越夸张、粗放和灵动；年代越近则造型更加具体和精细。下图所示的清代（1616—1911）故宫太和殿角梁套兽，与前文西夏国套兽虽都是兽头，但造型差异却十分明显。

西夏国绿琉璃龙头套兽

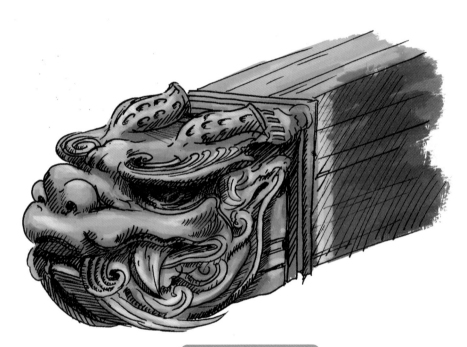

故宫太和殿角梁黄琉璃套兽

角梁的装饰

虽然角梁可装饰的部分不多，但匠人先辈们依然充分发挥了他们的聪明才智。常见于角梁前段的套兽就是其中的代表性装饰。套兽的形象大多是狮子和龙头一类。

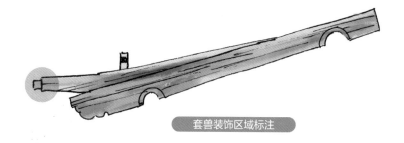

套兽装饰区域标注

西夏国石制龙头套兽

石制角梁套兽在琉璃工艺成熟之后便逐渐消失，取而代之的是艺术表现力更强的琉璃套兽。上图展示的为西夏（1038—1227）时期的宫殿建筑角梁套兽。

月梁的加工

作为一种特殊的梁，特别是具备了插梁功能的月梁，其特殊的造型和位置，对工匠提出了挑战。工匠在考虑榫卯关系的同时，也需要考虑卷杀加工、雕刻装饰等。

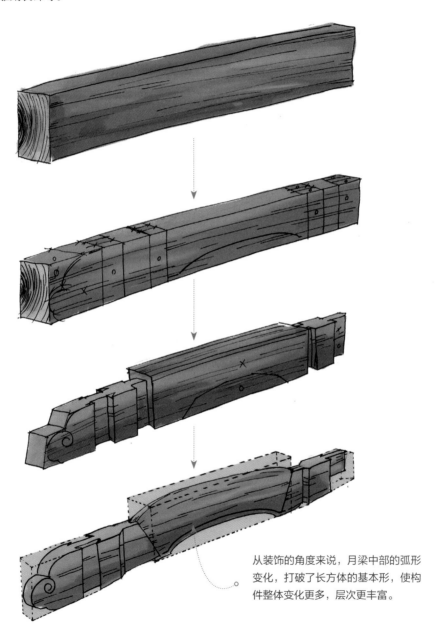

从装饰的角度来说，月梁中部的弧形变化，打破了长方体的基本形，使构件整体变化更多，层次更丰富。

月梁的装饰

月梁也是古典建筑雕刻艺术的常见构件之一，这些梁面往往会施加复杂、精细的雕刻。其主体常常以传统吉祥纹样、瑞兽、故事等为题材。

月梁装饰区域标注

凤凰混草龙吉祥图案

卷草纹和祥云纹在梁的雕刻装饰中十分常见。尤其在江浙地区的古典建筑中尤为多见。

卷草祥云图案

双草龙图案

荷叶墩

荷叶墩本质上属于梁的变种，其功能与
梁近似，常见于大梁（五架或者三架）
之上，通常直接承载"桁"。其外形近
似一片面朝下的荷叶，中心往往带有复
杂精美的雕刻，故称"荷叶墩"。

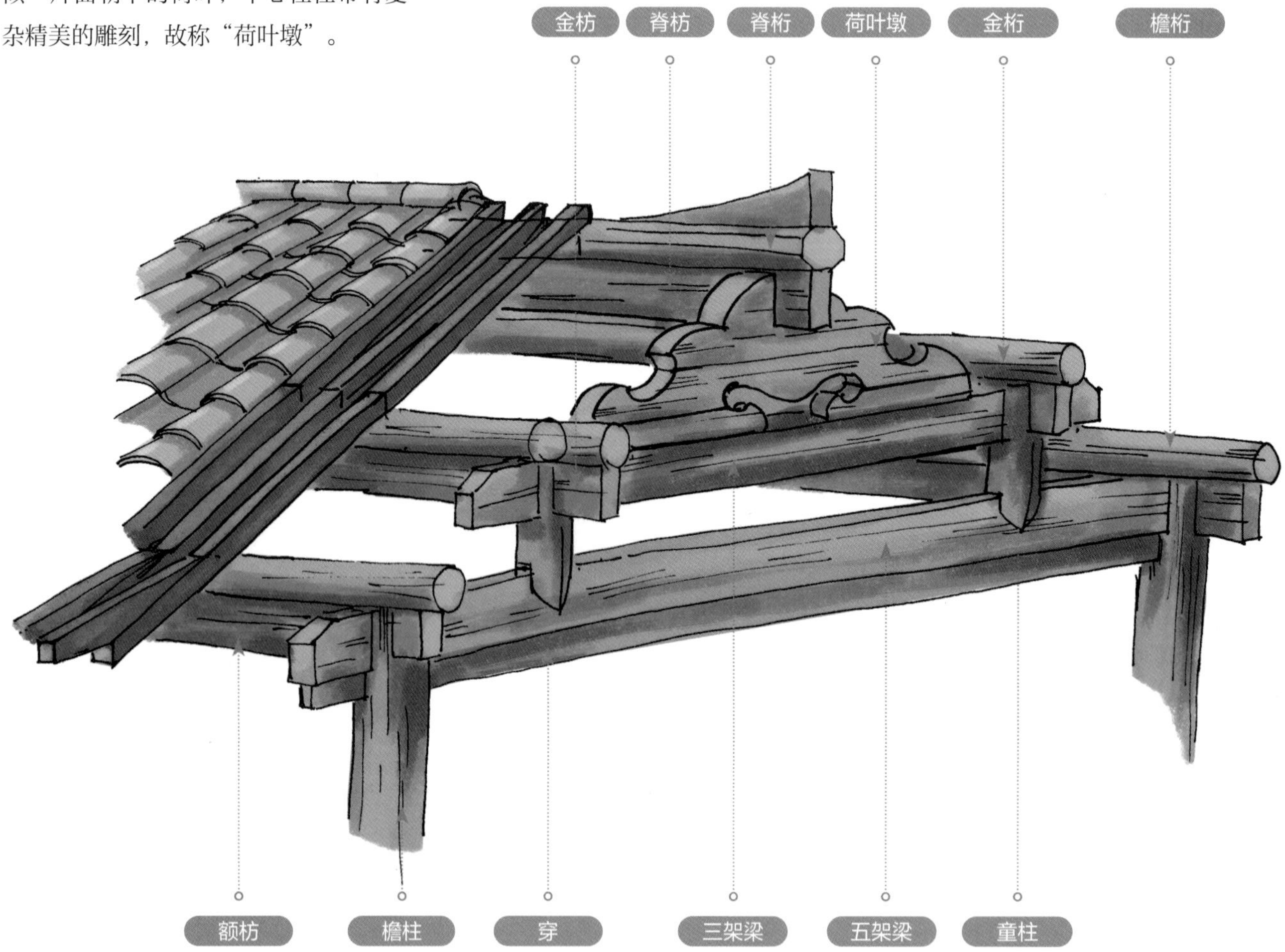

金枋　脊枋　脊桁　荷叶墩　金桁　檐桁

额枋　檐柱　穿　三架梁　五架梁　童柱

图中在五架梁下方出现的"穿"也被称为"穿枋"或者"连"。这种构件常与五架梁或更大的七架梁
组合使用，常见于较大的建筑内。主要功能是加强梁与柱子的连接，使整体结构更加稳定。

荷叶墩也属于大型组合式木构件，其结构功能与前文介绍的"蜀柱"与"梁"组合的相似，突出装饰性的同时注重建筑的结构性。

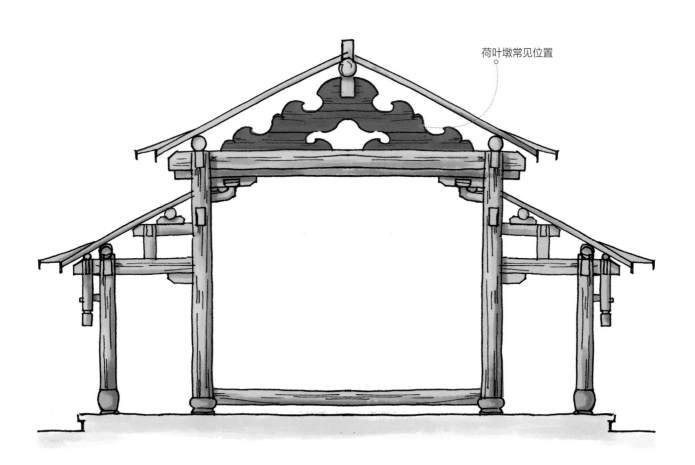

荷叶墩常见位置

荷叶墩的加工

对挑选好的木料进行粗加工和铲平后，木匠会把木料放置在"三角马"上。随后使用锤子或者斧背配合凿子在相应木料的一面开出小的卯口。

荷叶墩通常需要用两根以上的木料进行预先组装，通过暗楔配合卯口连接。

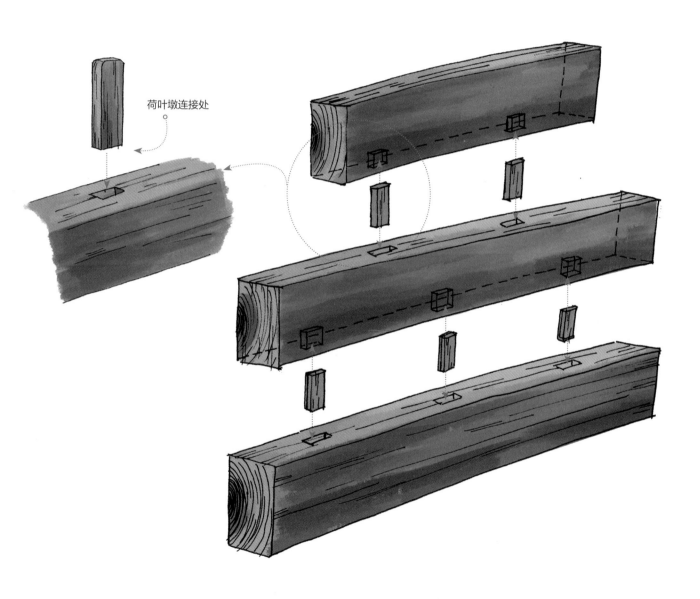

荷叶墩连接处

木料连接成组后，
木匠会使用墨斗和
尺子画出所需要的
参考线。

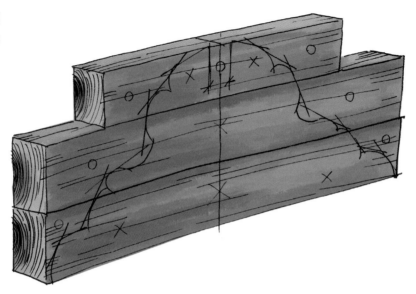

根据参考线切除
不需要的部分，
做出荷叶墩的大
致形状。

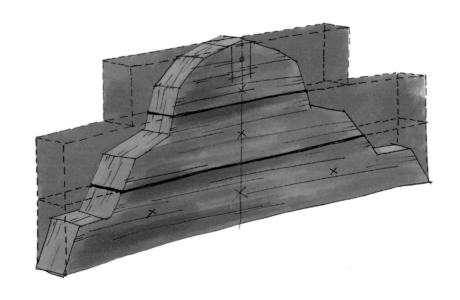

荷叶墩的预组装

在大致形状的基础上，负责雕刻的
木匠会根据需要雕刻相应的图案。

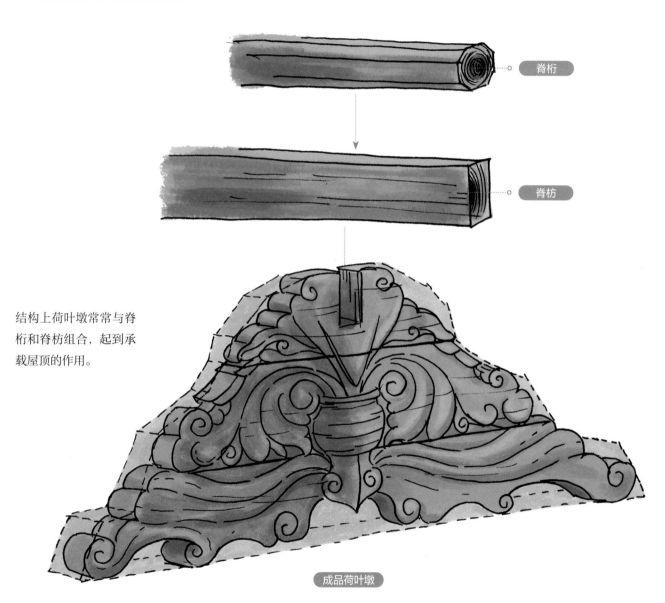

脊桁

脊枋

结构上荷叶墩常常与脊
桁和脊枋组合，起到承
载屋顶的作用。

成品荷叶墩

荷叶墩的样式

荷叶墩的雕刻纹样非常多，其内容涵盖了吉祥图案、历史人物、典故和神兽等。

图中的祥云纹是中国传统建筑中常见的吉祥纹样之一。其造型来自天空云朵，并和"如意"造型相结合，富有吉祥如意的内涵和很强的装饰性。

祥云纹

祥云纹荷叶墩

植物纹样也是常见的建筑雕刻纹样之一，具有代表性的当属"卷草纹"，即"香草纹"。此外，卷草纹还常常与其他植物纹样，甚至神兽纹样、几何纹样互相结合，组成具有特定含义的复合型纹样。

卷草纹

寿桃纹

卷草寿桃纹荷叶墩

瑞兽纹在建筑雕刻中占据着重要地位。这些瑞兽纹样往往反映了户主的财力、地位和身份。而凤凰一类的神兽更是其中上品。

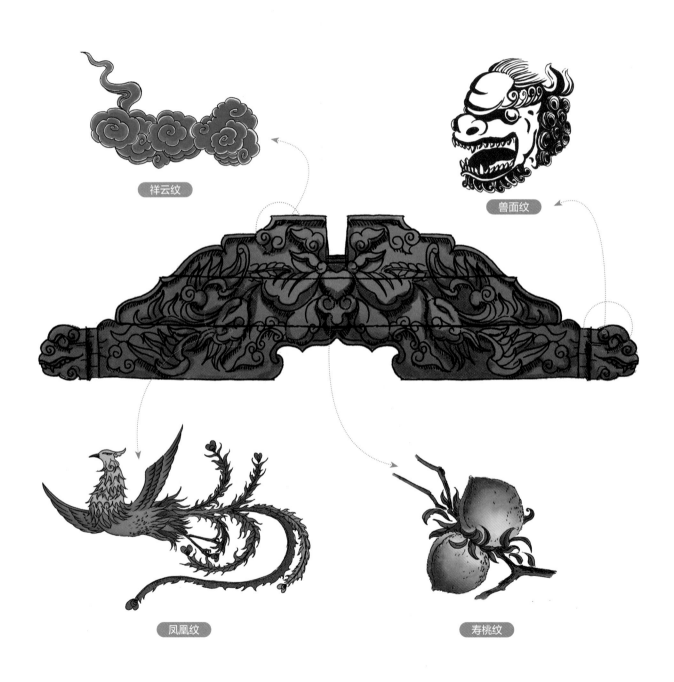

祥云纹

兽面纹

凤凰纹

寿桃纹

第 5 章

斗栱

斗栱的基本定义

斗栱，汉代称为"栌栾"，宋代称为"铺作"，明清称为"科"或者"斗栱"，是中国传统建筑构件中视觉特色最鲜明、功能最独特的大木作构件，还是中国古典官式建筑屋面巨大出檐的根本所在。因此，称它为东亚大木构建筑体系中集技术、审美于一体的瑰宝也不为过。

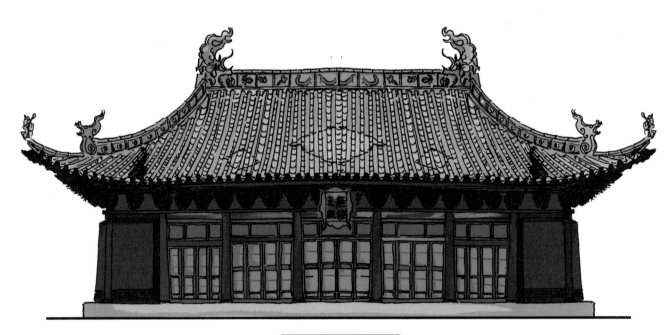

芮城永乐宫无极殿

斗栱的基本分类

以存留最多的明清建筑中的斗栱为例，最常见的斗栱可分为三类。

平身科

三大斗栱构件中结构最简单、最小的一种。结构功能最弱，偏装饰功能。

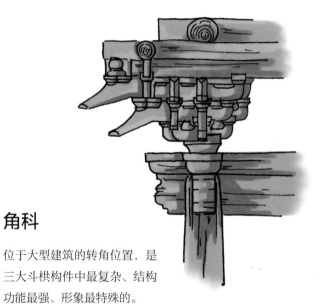

角科

位于大型建筑的转角位置，是三大斗栱构件中最复杂、结构功能最强、形象最特殊的。

柱头科

常见于建筑外围檐柱的顶部，与平身科结构近似。但构造略复杂，结构功能次于角科强于平身科。

平身科

平身科常见于明清建筑柱头斗栱之间。其结构相较于柱头科和角科最为简单，结构功能也最弱。

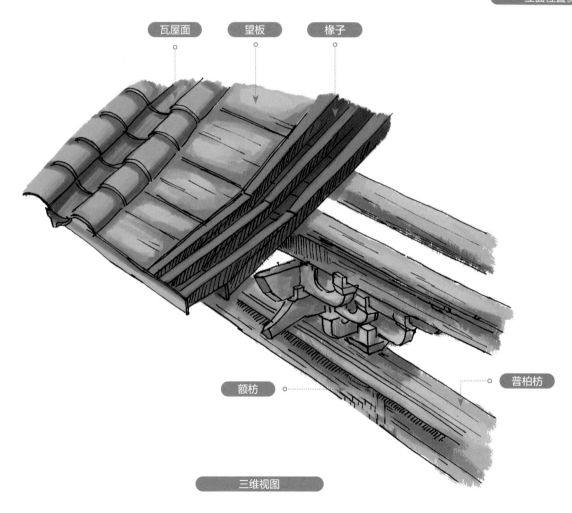

瓦屋面　　望板　　椽子

额枋　　普柏枋

三维视图

平身科结构解析

作为最简单的斗栱，平身科的基础构件
主要包括：栌斗、翘、万栱、瓜栱、昂、
耍头、厢栱、撑头木等。

扫码观看视频

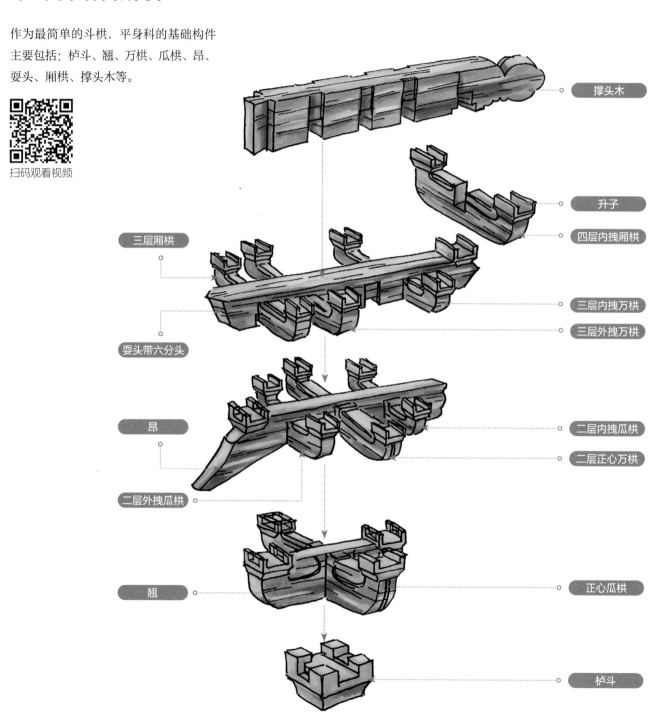

撑头木

升子

四层内拽厢栱

三层厢栱

三层内拽万栱

三层外拽万栱

耍头带六分头

昂

二层内拽瓜栱

二层正心万栱

二层外拽瓜栱

翘

正心瓜栱

栌斗

斗的加工

顾名思义，斗栱由"斗"和"栱"两类主要构件组成。这些构件在"平身科""柱头科""角科"中均被使用。

斗是斗栱构件中重要的连接件，其功能类似人体的关节，连接着其他斗栱构件。斗通常可以分为"栌斗""交互斗""升子"三类。

栌斗

斗栱中最大的斗又被称为大斗或者座斗。通常一组斗栱只有一个栌斗，一些特殊斗栱会有两个栌斗，但极为少见。

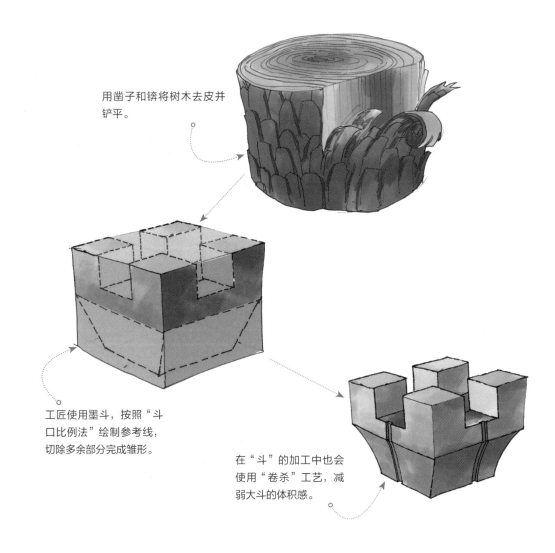

用凿子和锛将树木去皮并铲平。

工匠使用墨斗，按照"斗口比例法"绘制参考线，切除多余部分完成雏形。

在"斗"的加工中也会使用"卷杀"工艺，减弱大斗的体积感。

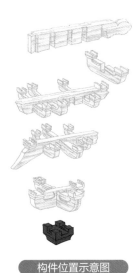

构件位置示意图

130

交互斗

交互斗又称十大斗，是斗体系中分布于整个斗栱各处的连接构件，小于栌斗。十字卯口适用于纵向和横向所有构件。

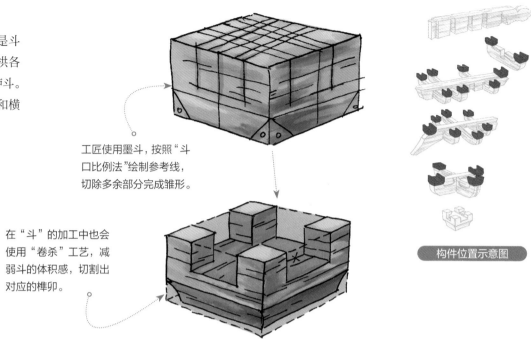

工匠使用墨斗，按照"斗口比例法"绘制参考线，切除多余部分完成雏形。

在"斗"的加工中也会使用"卷杀"工艺，减弱斗的体积感，切割出对应的榫卯。

构件位置示意图

升子

其功能类似于交互斗，但只适用于左右横向的构件。

工匠使用墨斗，按照"斗口比例法"绘制参考线，切除多余部分完成雏形。

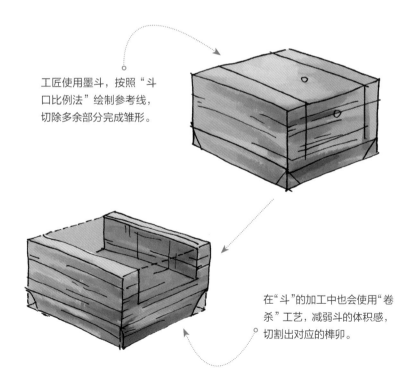

在"斗"的加工中也会使用"卷杀"工艺，减弱斗的体积感，切割出对应的榫卯。

平身科——翘加工

翘是斗栱第一层的纵向栱类构件。

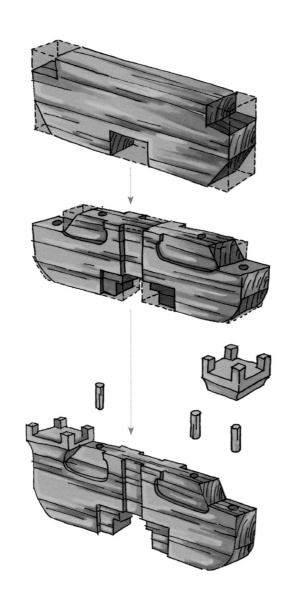

平身科——正心瓜栱加工

瓜栱是栱类构件中横向构件之一，根据所在斗栱的层级和位置可分为正心瓜栱、外拽瓜栱和内拽瓜栱等。正心瓜栱位于斗栱一层的正中位置，是一个核心构件。正心瓜栱和另一种栱构件"翘"呈十字交叉状组合。

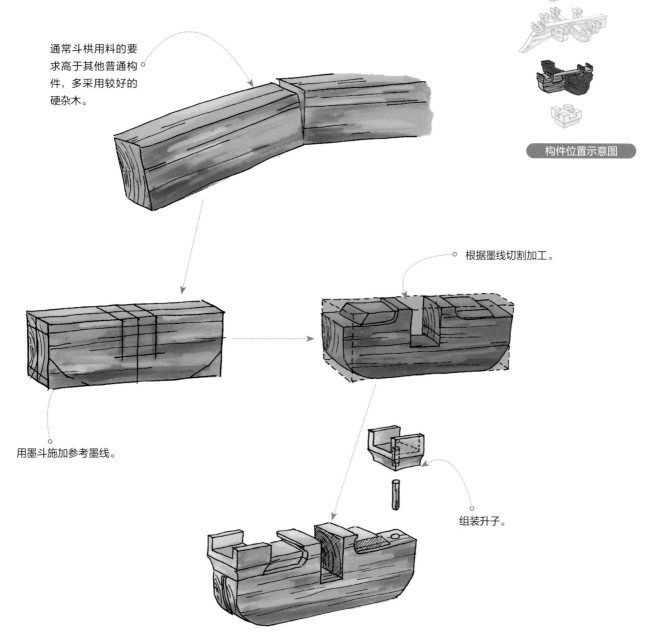

构件位置示意图

通常斗栱用料的要求高于其他普通构件，多采用较好的硬杂木。

用墨斗施加参考墨线。

根据墨线切割加工。

组装升子。

平身科——二层外拽瓜栱加工

瓜栱不仅出现在一层，根据其所处层级和位置，还衍生出了外拽瓜栱和内拽瓜栱。绝大部分瓜栱均为滑榫，附带着简单的雕刻。

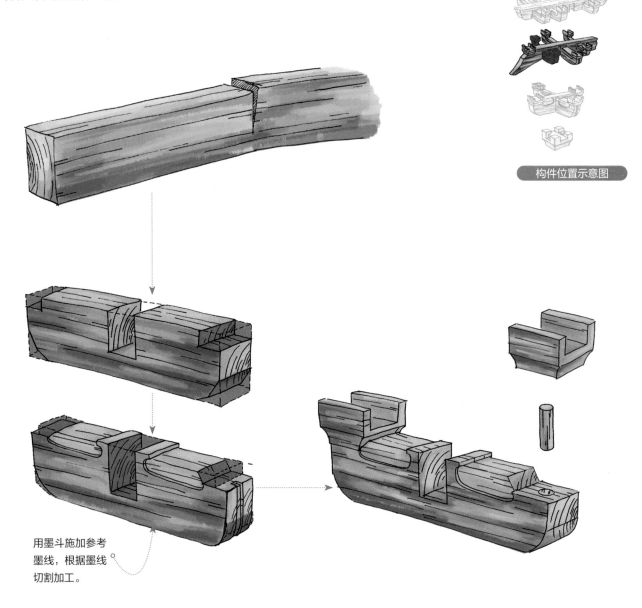

构件位置示意图

用墨斗施加参考
墨线，根据墨线
切割加工。

平身科——二层正心万栱加工

万栱根据所在斗栱的位置可分为正心万栱、外拽万栱和内拽万栱。正心万栱位于斗栱二层的正中位置。和二层的外拽万栱、内拽瓜栱平行，与昂呈十字交叉状组合。

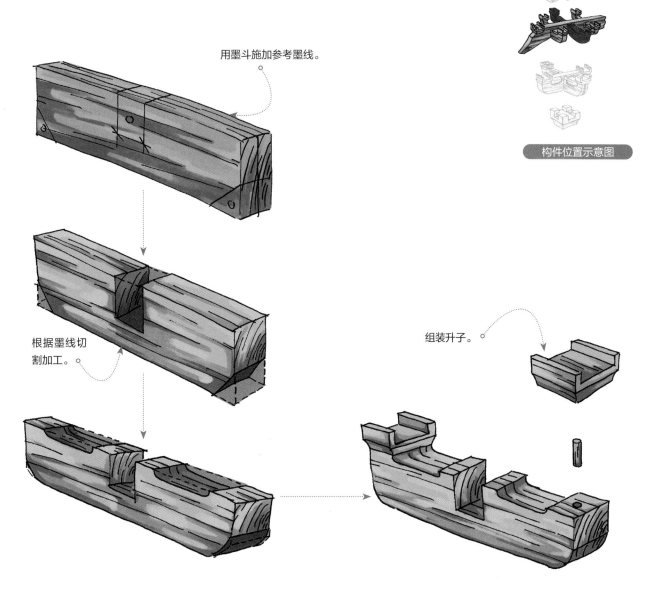

构件位置示意图

用墨斗施加参考墨线。

根据墨线切割加工。

组装升子。

平身科——昂加工

昂是斗栱二层纵向构件,主
要包括昂头、昂身、凤凰台、
菊花头四个部分。

构件位置示意图

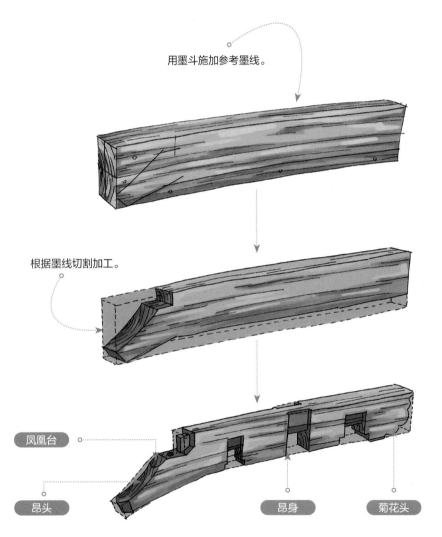

用墨斗施加参考墨线。

根据墨线切割加工。

凤凰台

昂头

昂身

菊花头

平身科——耍头带六分头加工

耍头也被称为蚂蚱头，和昂的加工方法相同，也是纵向构件。

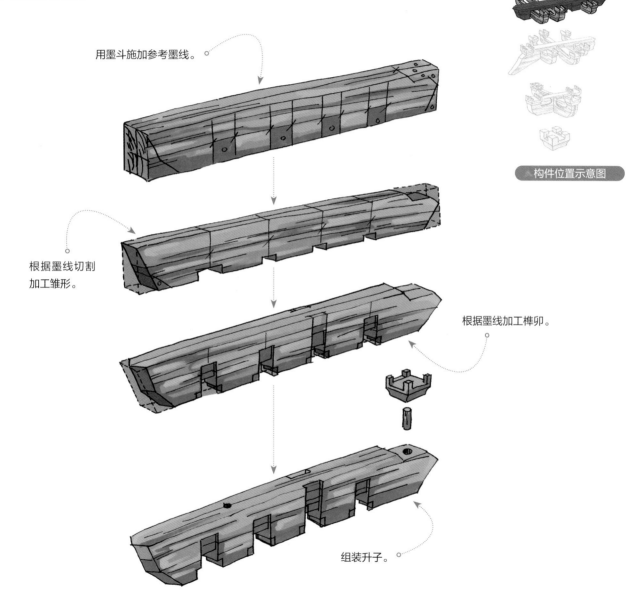

用墨斗施加参考墨线。

根据墨线切割加工锥形。

根据墨线加工榫卯。

组装升子。

构件位置示意图

平身科——三层内拽万栱和三层外拽万栱加工

万栱与瓜栱最大的不同就是长度，根据万栱所处层数的高低，其构件的长度也会随之增加，但加工流程基本相同。

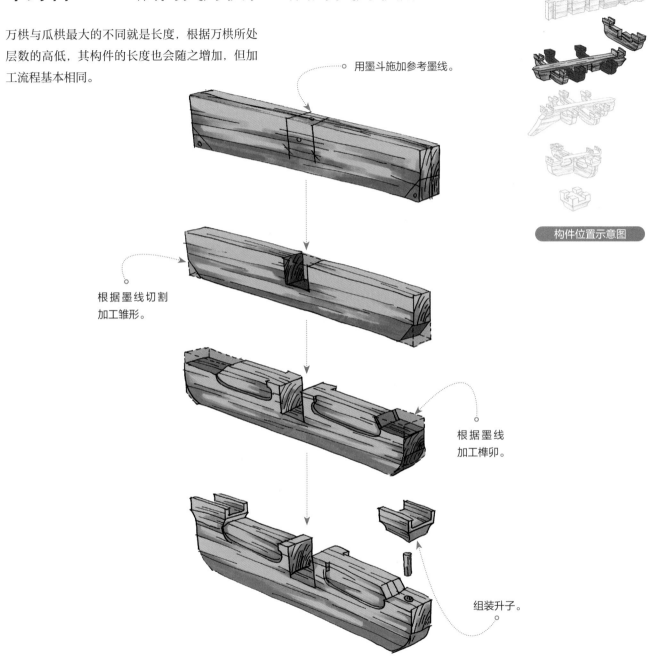

用墨斗施加参考墨线。

根据墨线切割加工雏形。

根据墨线加工榫卯。

组装升子。

构件位置示意图

平身科三维图

平身科斗栱主要有以下特征。

①位于柱头科之间，下端没有柱子。

②体积小于柱头科和角科。

③无挑尖梁。

④无里连。

⑤结构性最弱。

⑥装饰功能强。

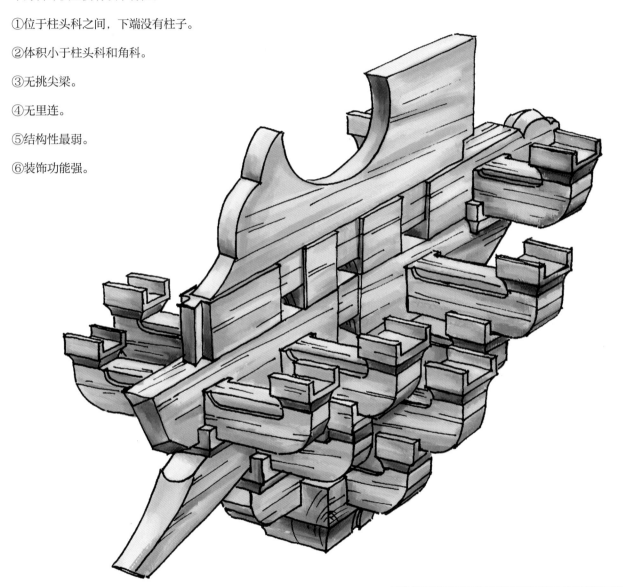

为充分展现斗栱结构，图中删除了对应的枋和桁。

柱头科

柱头科是位于建筑最外围檐柱顶端的斗栱构件，与平身科相比尺寸略大，且结构功能性大于装饰性，主体构件"挑尖梁"与主体梁架融合。

立面位置视图

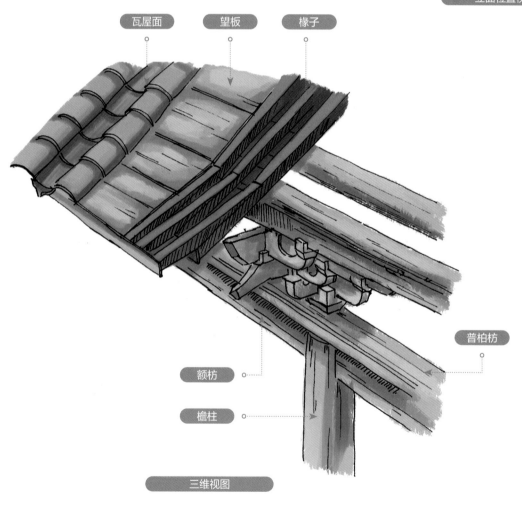

瓦屋面　　　望板　　　椽子

普柏枋

额枋

檐柱

三维视图

柱头科结构解析

相比平身科，柱头科更加复杂些，
其基础构件主要包括：栌斗、翘、
万栱、瓜栱、昂、挑尖梁、里连等。

挑尖梁

与主体建筑梁
架相连接。

三层里连

三层外拽万栱

三层正心万栱

三层厢栱

昂

二层内拽瓜栱

二层外拽瓜栱

二层正心万栱

翘

正心瓜栱

栌斗

柱头科功能解析

相比平身科，柱头科除了视觉上体积明显大于平身科，其顶端的挑尖梁常常与金柱、梁、枋相勾连。

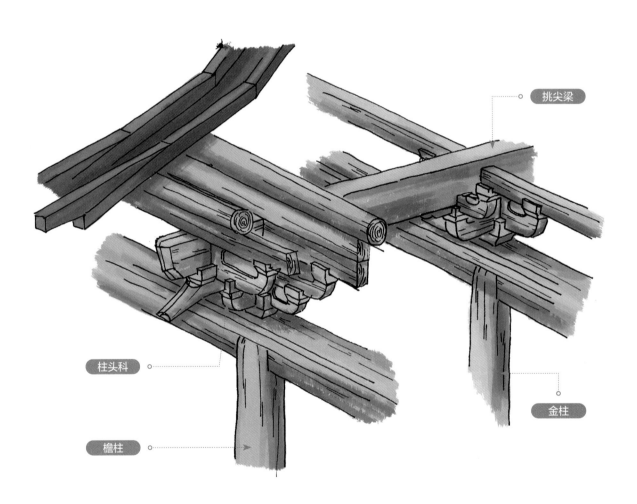

挑尖梁

柱头科

檐柱

金柱

柱头科——翘和正心瓜栱加工

在加工工艺上，柱头科的翘、正心瓜栱与平身科相应构件的加工方法
基本一致。比较明显的差异是柱头科的构件尺寸比平身科的更长。

构件位置示意图

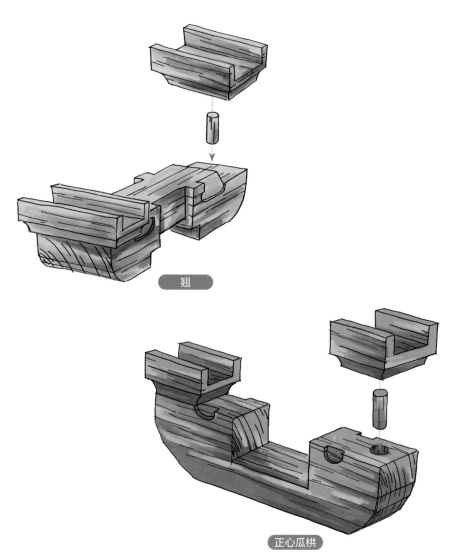

翘

正心瓜栱

柱头科——二层外拽瓜栱、二层内拽瓜栱和二层正心万栱加工

柱头科二层外拽瓜栱、二层内拽瓜栱和二层正心万栱与平身科相应构件的加工方法基本一致。最明显的差异是尺寸更大，且中部的榫卯口是平身科的两倍多。

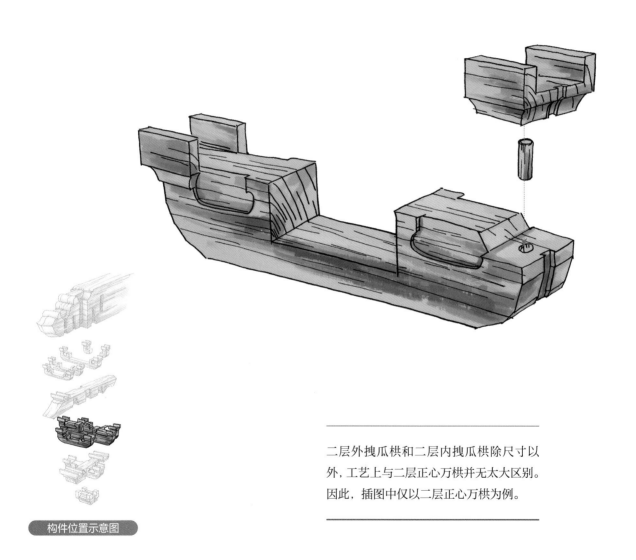

构件位置示意图

二层外拽瓜栱和二层内拽瓜栱除尺寸以外，工艺上与二层正心万栱并无太大区别。因此，插图中仅以二层正心万栱为例。

柱头科——昂加工

柱头科的昂与平身科的昂加工流程类似，但尺寸明显大，顶端的升子也更长。

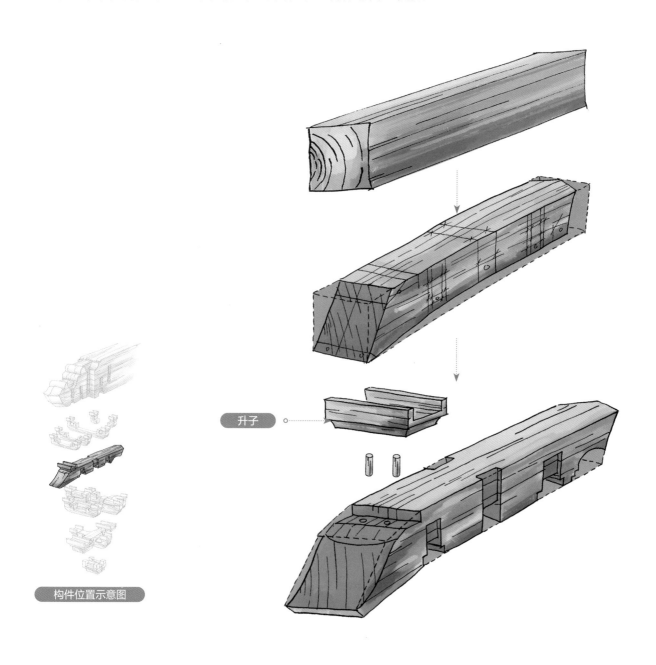

升子

构件位置示意图

柱头科——三层厢栱、三层外拽万栱和三层正心万栱加工

厢栱在平身科和柱头科上均被使用，结构也基本相同。但两种斗栱的厢栱尺寸不同，柱头科厢栱中部的卯口是平身栱厢栱的两倍多。

三层外拽万栱和三层正心万栱与三层厢栱主要的区别是大小不同，工艺上基本相同，插图以三层厢栱为例。

构件位置示意图

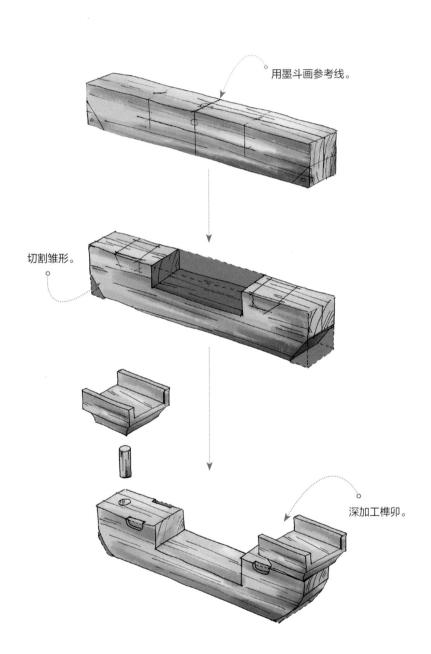

用墨斗画参考线。

切割雏形。

深加工榫卯。

146

柱头科——三层里连加工

里连是柱头科和角科特有的构件之一。其整体形象类似于一个从中间被一分为二的瓜栱。

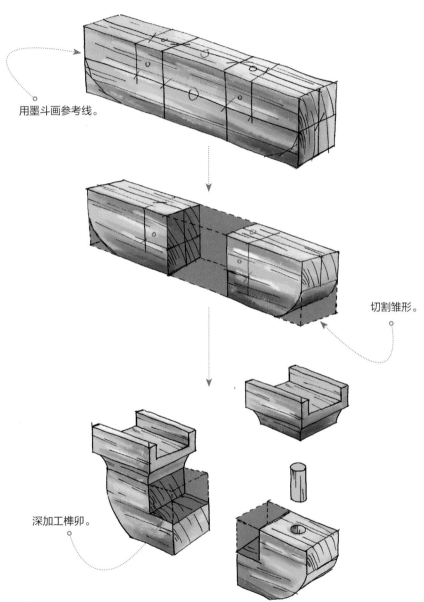

用墨斗画参考线。

切割雏形。

深加工榫卯。

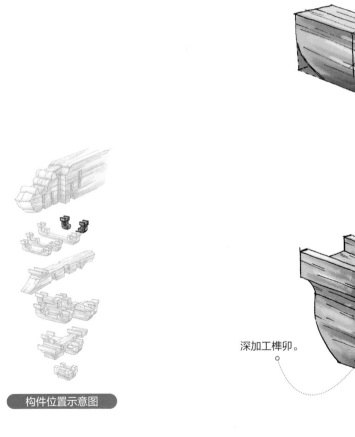

构件位置示意图

柱头科——挑尖梁加工

挑尖梁也是柱头科和角科特有构件之一。由于结构功能的需求，挑尖梁撑头木比平身科的要大数倍，榫卯结构也更复杂。其前段也常常带有类似蚂蚱头的雕刻装饰。

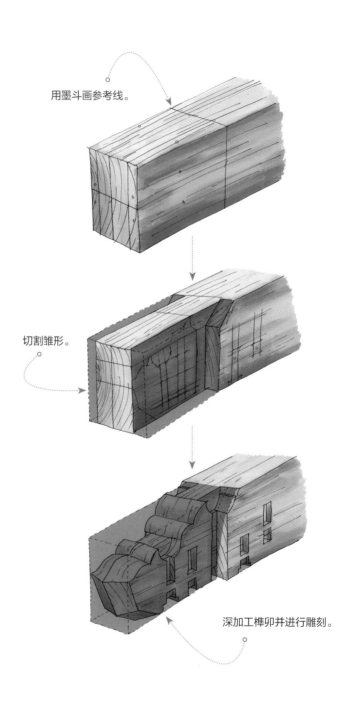

用墨斗画参考线。

切割雏形。

深加工榫卯并进行雕刻。

构件位置示意图

柱头科三维图

柱头科斗栱主要有以下特征。

①位于檐柱顶端。

②比平身科体积大。

③有挑尖梁。

④有里连。

⑤挑尖梁与内部梁架相连。

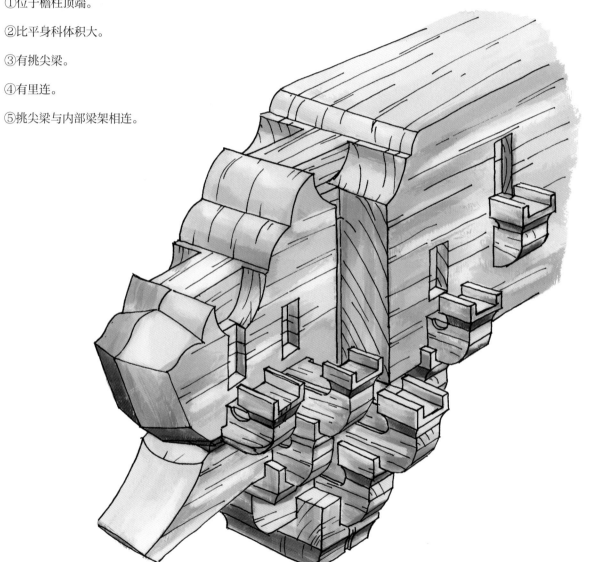

为充分展现斗栱结构，图中删除了对应的枋和桁。

角科

常见于宫式或者官式等大型建筑 90° 转角处，是三大斗栱中结构最复杂、视觉形象最丰富的一种。

立面位置视图

金桁

瓦屋面

望板

椽子

金桁

檐桁

角梁

额枋

普柏枋

檐柱

角科

三维视图

角科——一层正头昂带正心瓜栱和一层头昂带翘加工

基于结构功能和审美需求，角科从一层开始就会出现昂头装饰，在明清两代这种手法被发挥到了极致。在本质上，一层的两个头昂分别是正心瓜栱、翘与"昂"结合的产物。

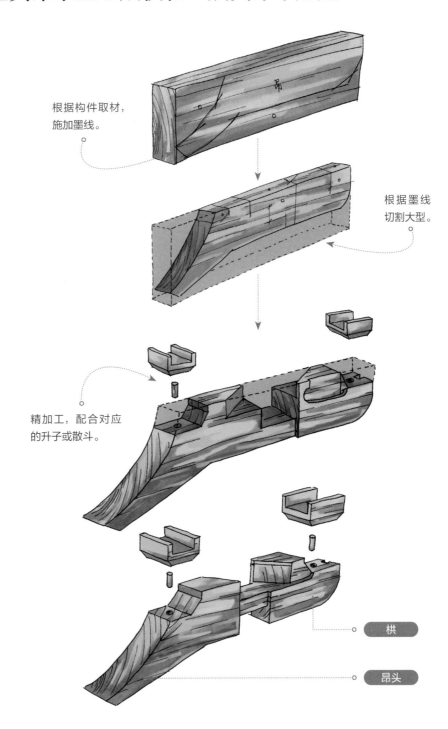

根据构件取材，施加墨线。

根据墨线切割大型。

精加工，配合对应的升子或散斗。

栱

昂头

构件位置示意图

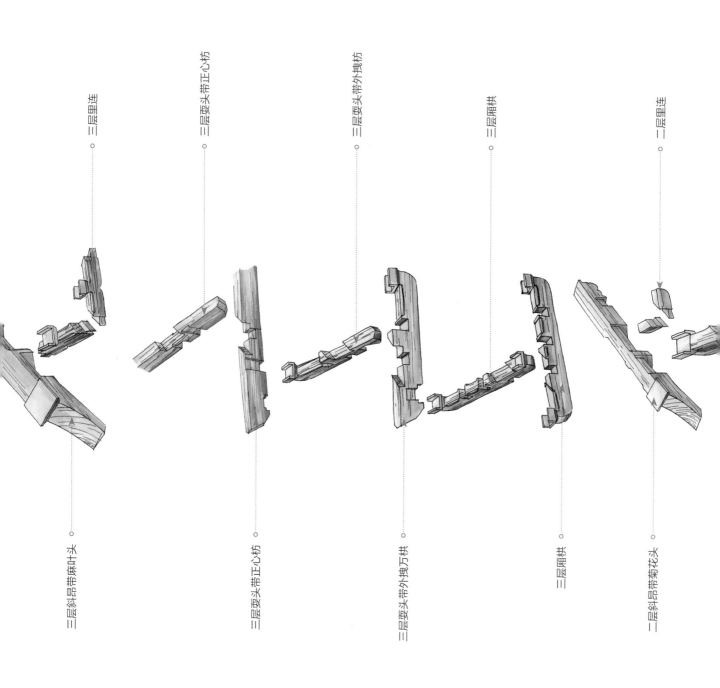

三层里连

三层耍头带正心枋

三层耍头带外拽枋

三层厢拱

二层里连

三层斜昂带麻叶头

三层耍头带正心枋

三层耍头带外拽万拱

三层厢拱

二层斜昂带菊花头

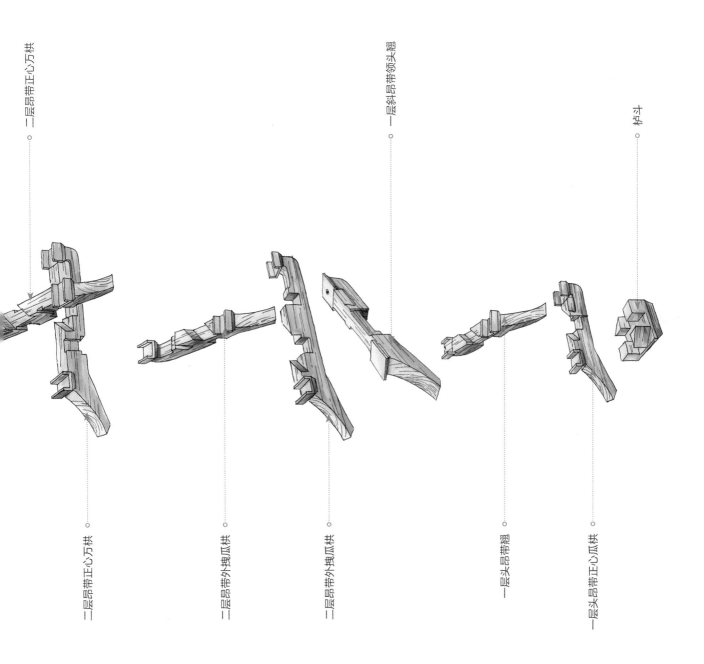

二昂带正心万栱

一层斜昂带领头翘

柁斗

二层带正心万栱

二昂带外拽瓜栱

二层昂带外拽瓜栱

一层头昂带翘

一层头昂正心瓜栱

153

角科——栌斗加工

如前文所述，从角科的栌斗开始加工工艺和形态就发生了巨大变化。因为角科的构件分别从三个不同方向交汇在一起，所以角科栌斗的榫卯比其他斗栱的更加复杂多变。

构件位置示意图

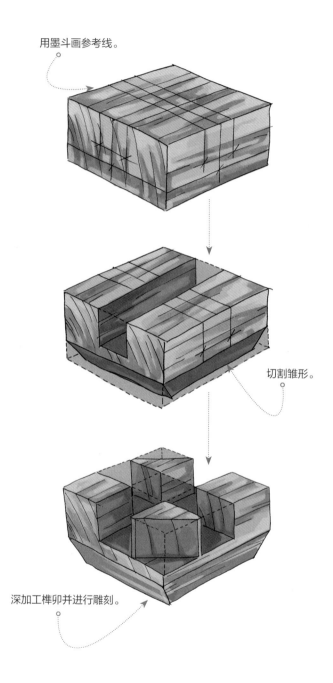

用墨斗画参考线。

切割雏形。

深加工榫卯并进行雕刻。

角科结构解析

与平身科和柱头科相比，角科构件的复杂程度和形象有很大不同。此外，角科的榫卯几乎都是斜角的，而非其他两种斗栱的垂直交叉角。

扫码观看视频

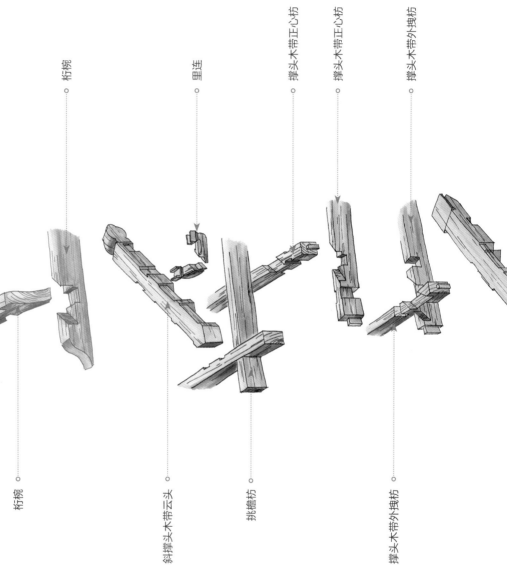

斜桁椀

桁椀

桁椀

里连

斜撑头木带云头

挑檐枋

撑头木带正心枋

撑头木带正心枋

撑头木带外拽枋

撑头木带外拽枋

角科——一层斜昂带斜头昂头翘加工

斜昂与头昂不同，虽然也是栱类构件的混合变种，但榫卯整体为 45° 角。随着斗栱层数增加，斜昂长度也按比例加长。除榫卯为 45° 以外，斜昂整体加工手法与其他昂基本相同，因此后文就不再重复了。

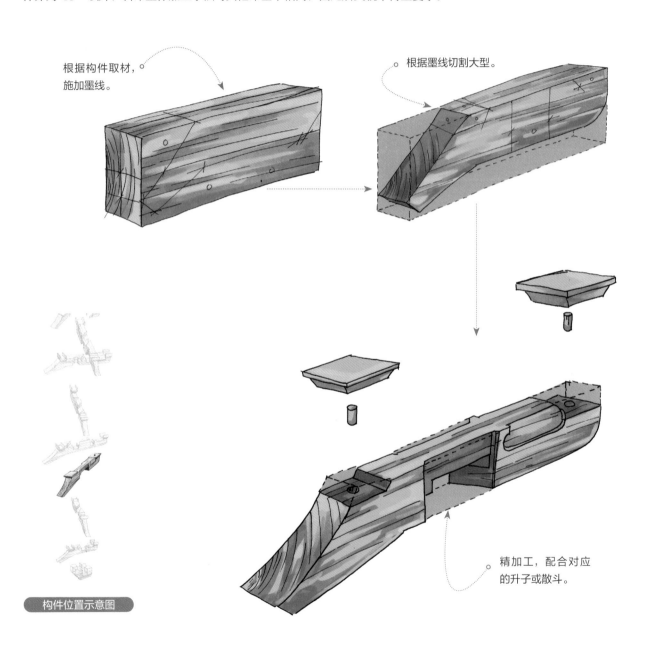

根据构件取材，
施加墨线。

根据墨线切割大型。

精加工，配合对应
的升子或散斗。

构件位置示意图

角科——二层昂加工

二层昂本质上和一层头昂结构相似，不同之处在于根据具体位置，这些构件可细分为二层昂带外拽瓜栱、二层昂带正心万栱。除此之外，这些构件数量是一层昂的两倍。

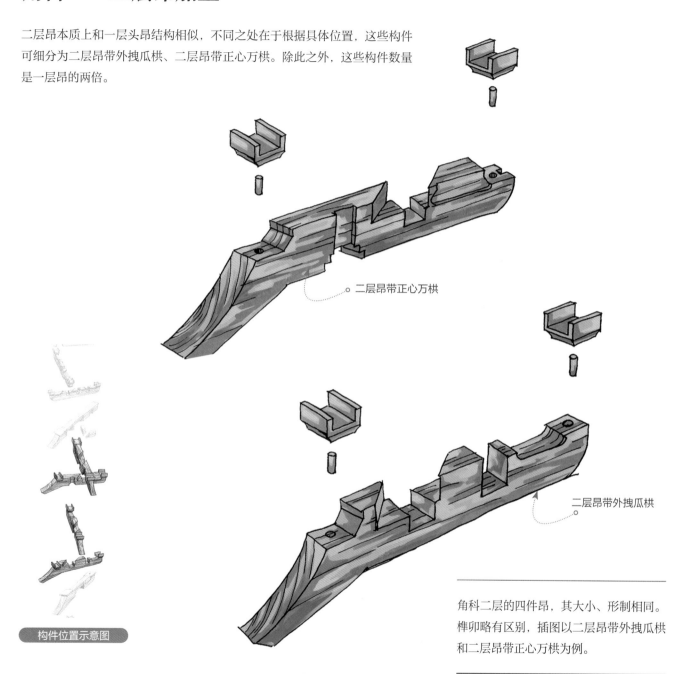

二层昂带正心万栱

二层昂带外拽瓜栱

构件位置示意图

角科二层的四件昂，其大小、形制相同。榫卯略有区别，插图以二层昂带外拽瓜栱和二层昂带正心万栱为例。

角科——三层厢栱加工

厢栱在平身科和柱头科上也属于常见构件，其加工工艺基本相同。但角科的厢栱尤为特殊，其尺寸为类似斗栱中最长的，且一个角科有两个厢栱，平身科和柱头科只有一个厢栱。

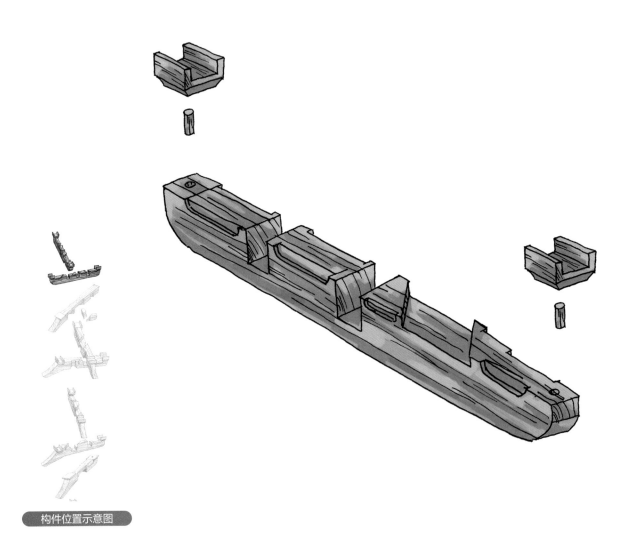

构件位置示意图

角科——三层要头加工

要头的加工在平身科部分已经讲过，这里就不再重复。角科三层要头与平身科要头主要差别是榫卯变成了 45°，且后部带有栱和散斗。此外，一些要头构件还会和三层的正心枋、外拽枋结合。

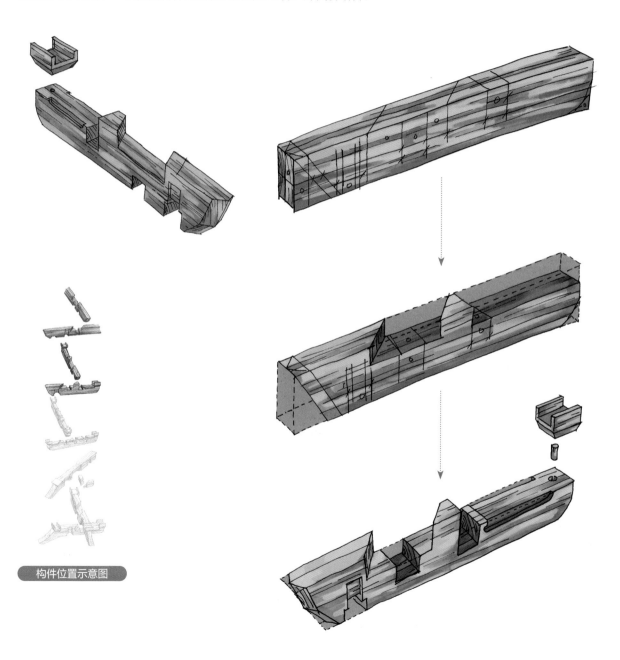

构件位置示意图

角科——二层里连加工

前面讲过的"里连"构件，在角科中同样被使用。区分角科二层里连和其他里连，主要靠榫卯的变化（角科里连为45°斜角）。

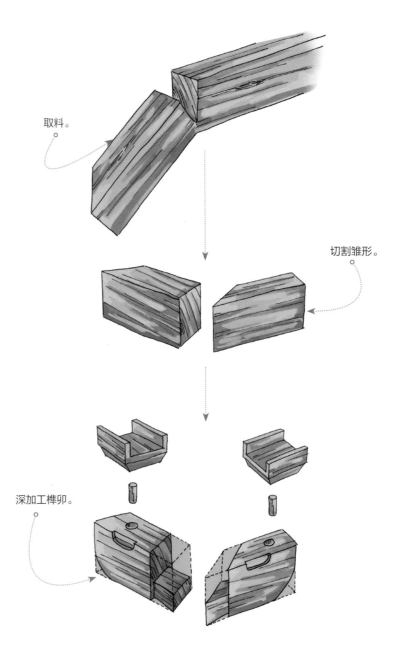

取料。

切割雏形。

深加工榫卯。

构件位置示意图

角科——二层斜昂带菊花头加工

在加工工艺和形态上二层斜昂与其他角科斜昂基本相似。不同之处在于，其后部装饰变成了更复杂的菊花头雕刻。

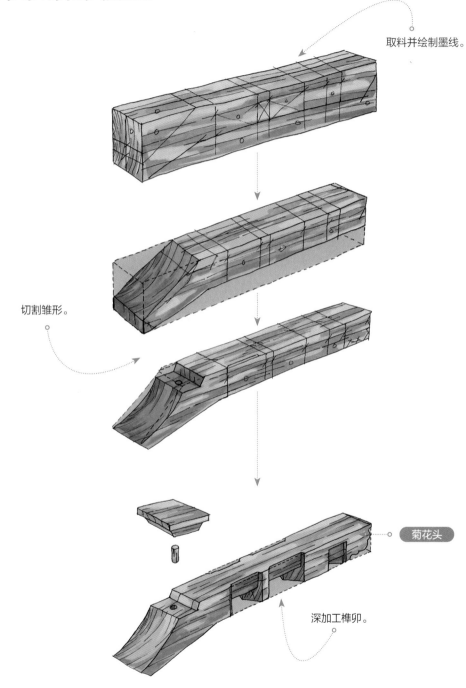

取料并绘制墨线。

切割雏形。

菊花头

深加工榫卯。

构件位置示意图

角科——三层斜昂带麻叶头加工

三层斜昂也可被称为由昂，加工工艺和形态方面与其他角科斜昂基本相似。不同之处在于，其后部装饰从菊花头变成了麻叶头。

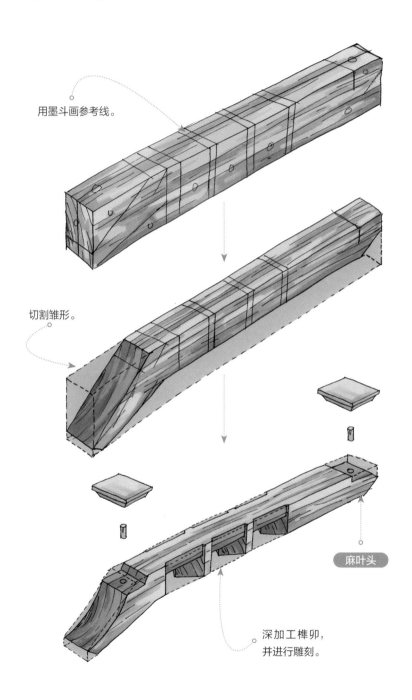

用墨斗画参考线。

切割雏形。

麻叶头

深加工榫卯，并进行雕刻。

构件位置示意图

角科——三层里连加工

三层里连与常见的里连在形态方面有很
大不同。比如下图中的里连与角科的二
层里连相比，尺寸更大，形态和榫卯也
有很大不同。

用墨斗画参考线。

深加工榫卯，
并进行雕刻。

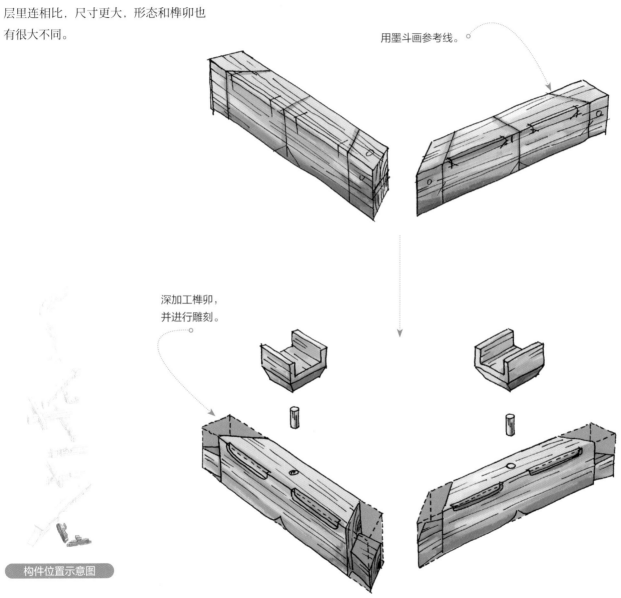

构件位置示意图

角科——撑头木加工

角科的撑头木榫卯为斜角，数量是同等级平身科、柱头科相应构件的四倍。其结构和工艺与平身科、柱头科相应构件相比并无太大差别。根据具体位置和组合关系，角科撑头木可细分为"撑头木带外拽枋""撑头木带正心枋"两类。

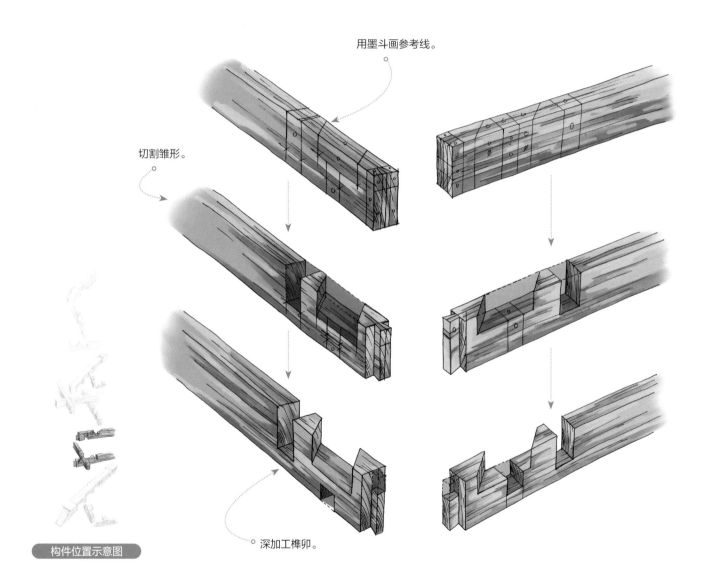

用墨斗画参考线。

切割雏形。

深加工榫卯。

构件位置示意图

角科——挑檐枋加工

角科的挑檐枋与常见挑檐枋基本类似，故不做过多叙述。

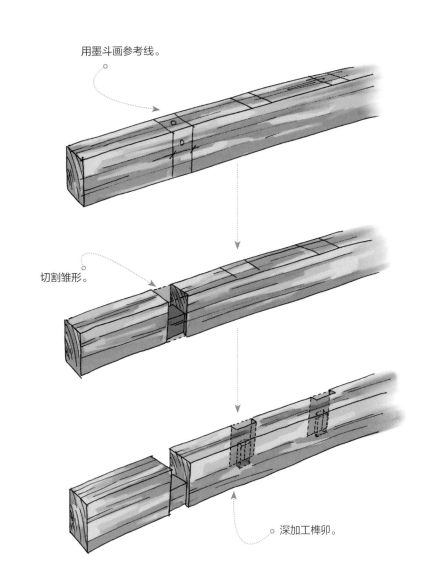

用墨斗画参考线。

切割雏形。

深加工榫卯。

构件位置示意图

角科——斜撑头木带云头加工

虽然同为撑头木，但角科的斜撑头木是独有的。其最大特点是尺寸大于同种撑头木，榫卯也是 45° 斜角，同时后部加装了云头雕刻装饰。

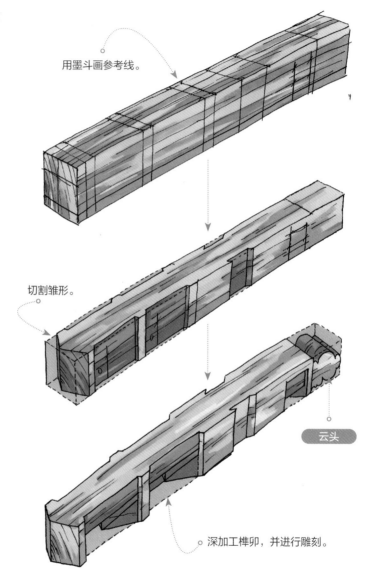

用墨斗画参考线。

切割雏形。

云头

深加工榫卯，并进行雕刻。

构件位置示意图

角科——桁椀加工

一般情况下，斗栱顶层构件被称为桁椀。它在柱头科、平身科中也是必备构件，其功能主要是承载檐桁和椽子。但角科桁椀最具代表性，所以集中在本节进行讲解。与其他构件类似，由于角科特殊的位置和功能，角科的大多数构件数量都是翻倍的，桁椀也不例外。

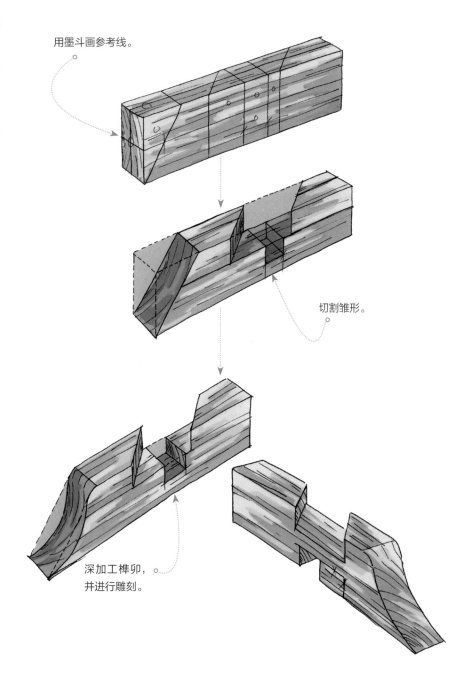

用墨斗画参考线。

切割雏形。

深加工榫卯，并进行雕刻。

构件位置示意图

角科——斜桁椀加工

斜桁椀是最特殊的桁椀类
构件，除体积最大以外，
其表面的雕刻装饰也最为
复杂。

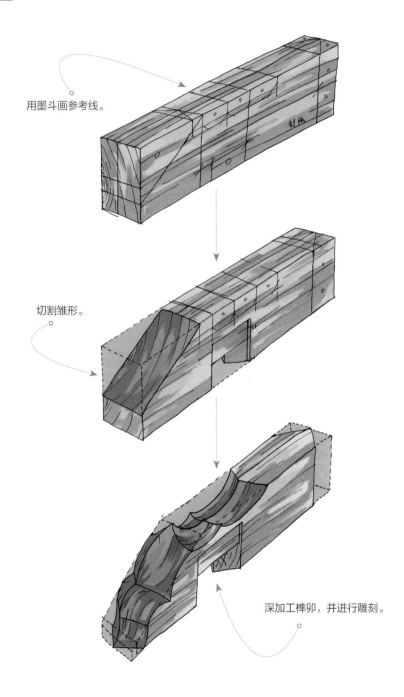

用墨斗画参考线。

切割雏形。

深加工榫卯，并进行雕刻。

构件位置示意图

角科三维图

角科斗栱主要有以下特征。

①位于建筑 90° 转角处柱顶。

②体积大于柱头科和平身科。

③结构极为复杂。

④构件数量翻倍。

⑤结构性强。

⑥装饰性强。

⑦榫卯多为 45° 斜角。

为充分展现斗栱结构，图中删除了对应的枋和桁。

三类斗栱的平行对比

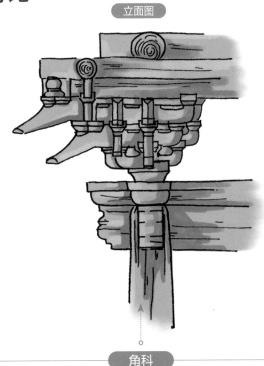

角科

三维图

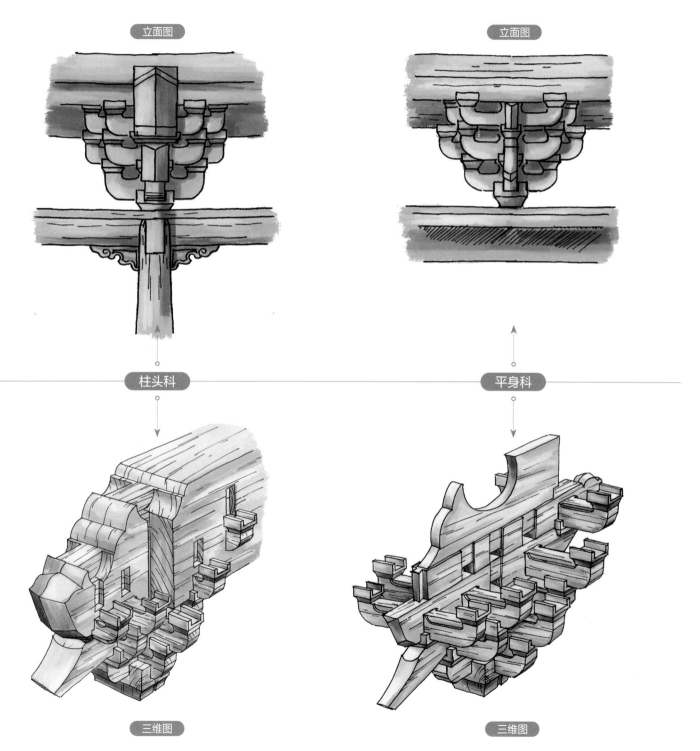

立面图

立面图

柱头科

平身科

三维图

三维图

人字栱

人字栱是一种特殊的古老斗栱类构件，常见于汉代至唐代的建筑构造中，到明清两代已基本消失。

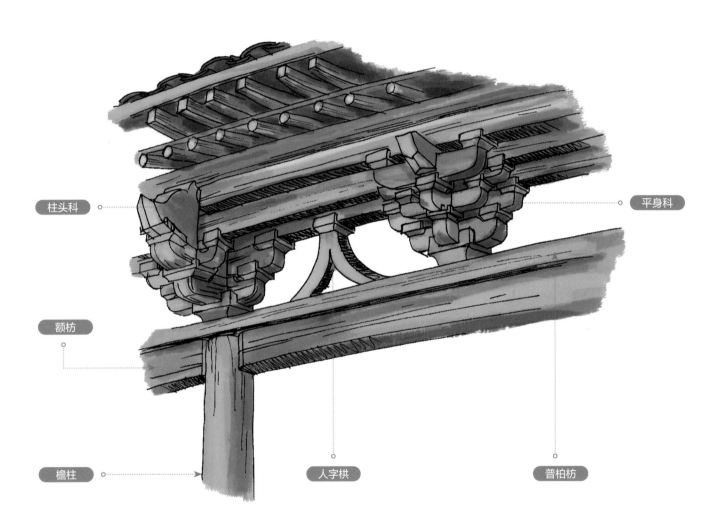

柱头科

平身科

额枋

檐柱

人字栱

普柏枋

人字栱加工

人字栱受到地域文化、历史、材料等因素的影响，衍生出了不同的做法。下图展示的为西南地区民间的一种做法。

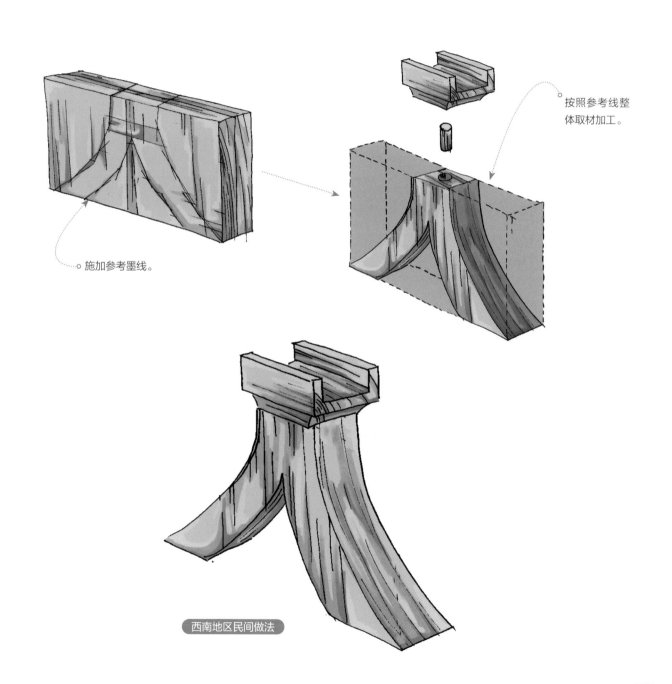

按照参考线整体取材加工。

施加参考墨线。

西南地区民间做法

本页图是与工匠同行
交流、实物考察并还
原的西北地区民间做
法的插图。

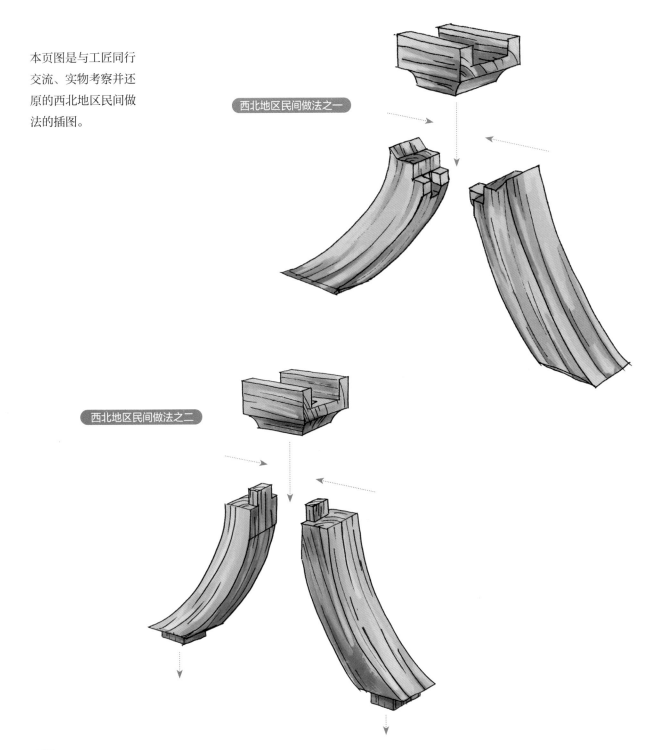

西北地区民间做法之一

西北地区民间做法之二

特殊斗栱

除了前文所讲的三大斗栱和人字栱，后世工匠还演变出了很多特殊斗栱做法。比较有代表性的包括但不限于斜栱、云栱等。

斜栱

斜栱与前文提到的三大斗栱不同，斜栱出现最晚，加工十分困难，且装饰功能很强、结构功能较弱。

云栱

云栱与斜栱类似,是一种小型的装饰性斗栱,结构功能偏弱。由于外形似枫叶,又被称为枫栱。

第 6 章

桁

桁的分类

"桁"明清时被称为"檩"，在宋代被称为"槫"，是屋顶结构中衔接主体结构和屋面的核心构件。

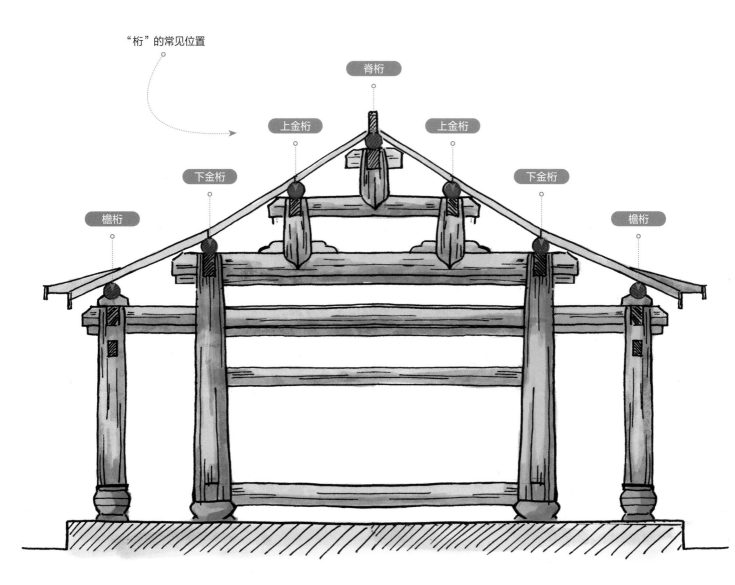

"桁"的常见位置

脊桁

上金桁

上金桁

下金桁

下金桁

檐桁

檐桁

根据其分布的位置不同，可细分为"脊桁""金桁""檐桁"等。

扫码观看视频　　扫码观看视频

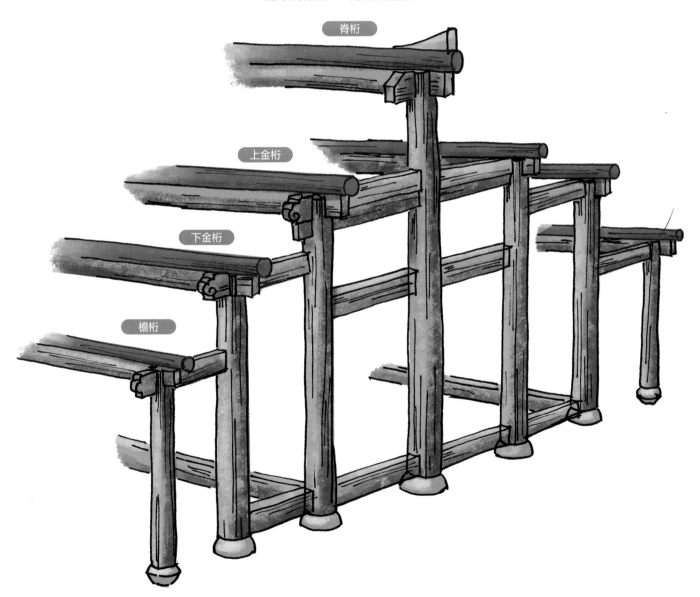

桁的选料

在选料方面桁与柱相同，桁通常选用圆形木料。但桁的圆木直径比柱的要小很多。

桁的加工

桁的加工较为简单，基本没有复杂的榫卯和雕刻。

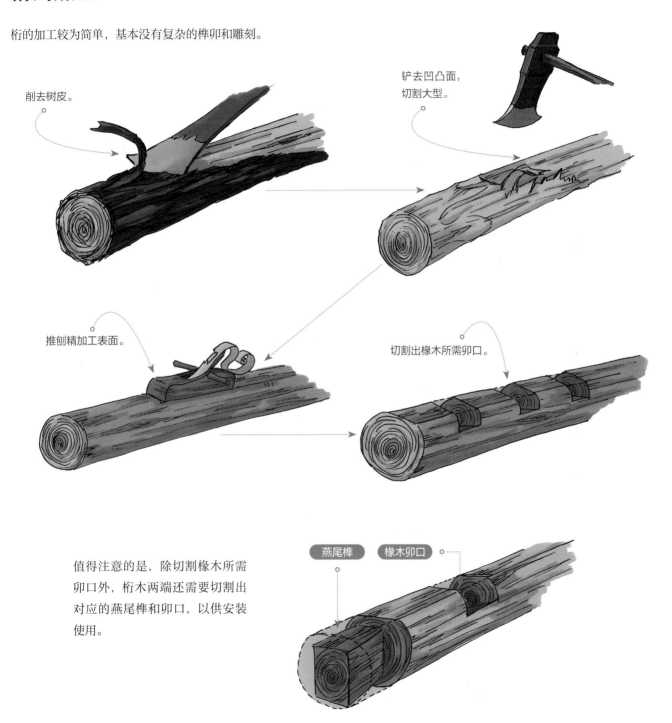

削去树皮。

铲去凹凸面，
切割大型。

推刨精加工表面。

切割出椽木所需卯口。

值得注意的是，除切割椽木所需
卯口外，桁木两端还需要切割出
对应的燕尾榫和卯口，以供安装
使用。

燕尾榫　　椽木卯口

桁的安装

桁与荷叶墩安装方法相同，桁在安装到枋上时，也需要暗楔衔接。

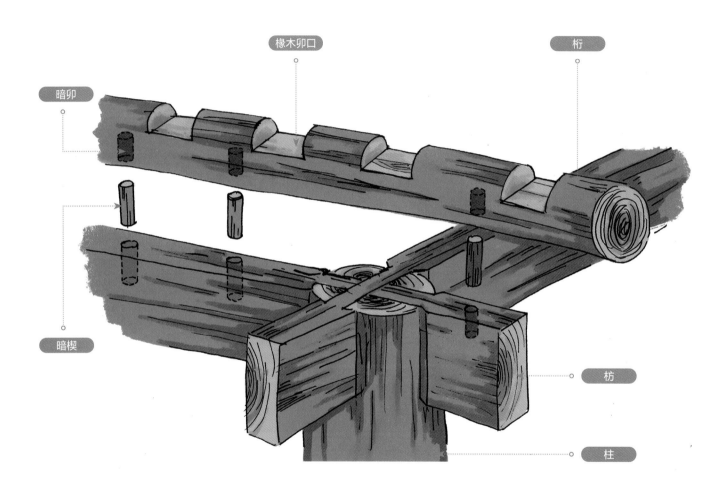

椽木卯口

桁

暗卯

暗楔

枋

柱

桁与橡木的连接

橡木（详见第 7 章橡木相关章节）和桁的组合，可以直接拼装，但工匠也会酌情使用橡钉固定。

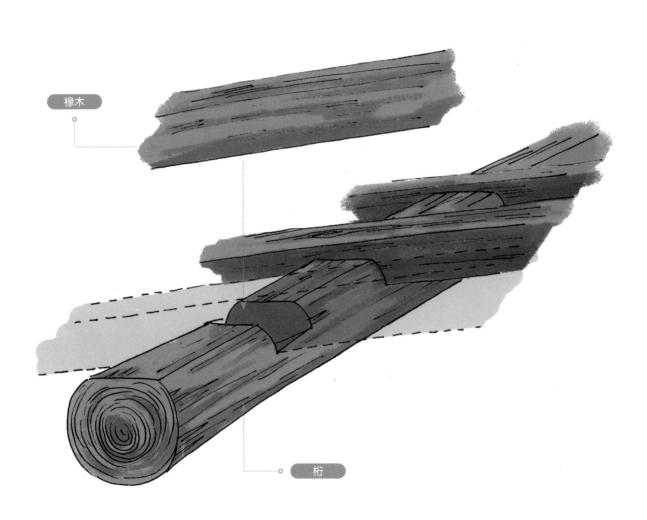

橡木

桁

桁与其他构件的衔接关系

下图展示的是椽木、桁与大木架结构的组装关系。

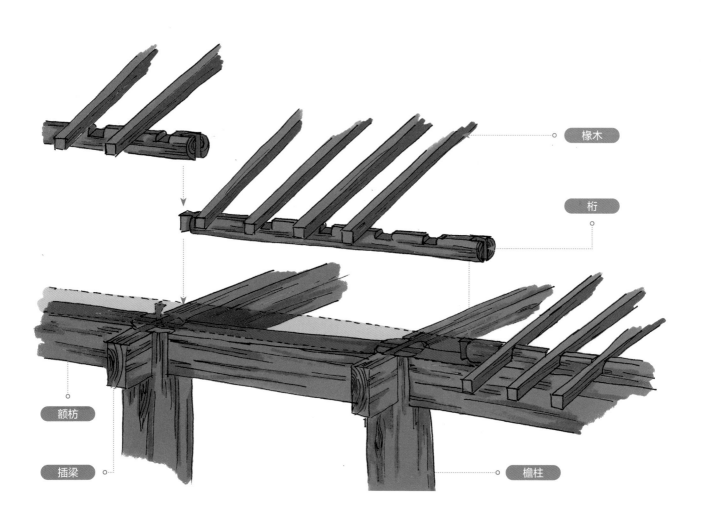

椽木

桁

额枋

插梁

檐柱

脊桁的加工

脊桁与金桁、檐桁有很大不同。主要特征为：桁木顶部为平面而非弧形；
橡木卯口为双面，而非常见的单面。

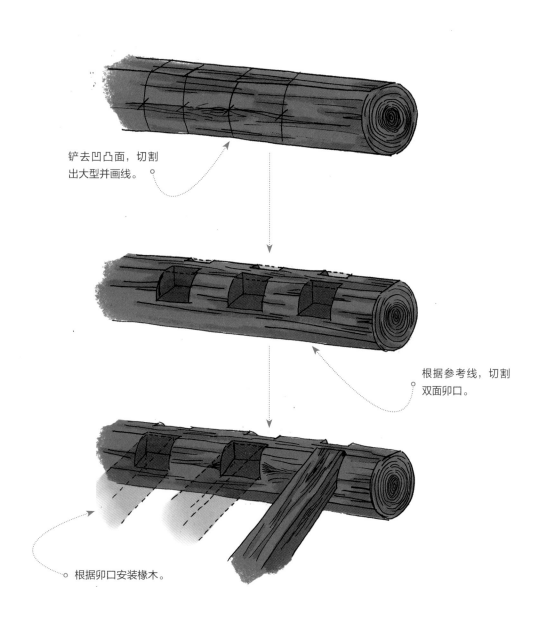

铲去凹凸面，切割
出大型并画线。

根据参考线，切割
双面卯口。

根据卯口安装橡木。

脊桁的安装

由于脊桁位于屋脊处，因此需要安装和承载双向的脊椽。

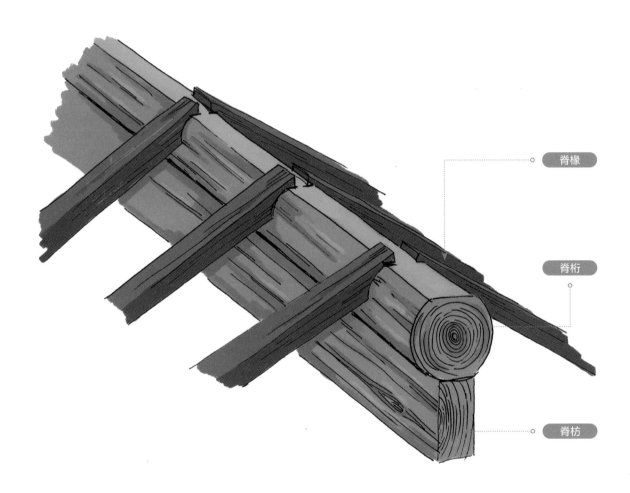

脊椽

脊桁

脊枋

第 7 章

屋顶

屋面

传统建筑的屋面结构由下至上依次为椽木、望板、苦背、瓦四大构件，后文有详细介绍。值得注意的是，望板和苦背在南方一些地区和民用建筑中并非固定元素，瓦可以直接与椽木相接。

下图展现的是西南、岭南地区的常见屋顶结构，即屋顶不用望板和苦背。因为西南、岭南地区气候湿热，降水丰沛，湿气太重，删除望板，则更有利于室内通风透气。并且，这些地区秋冬气候温和，不需要苦背的保暖功能。

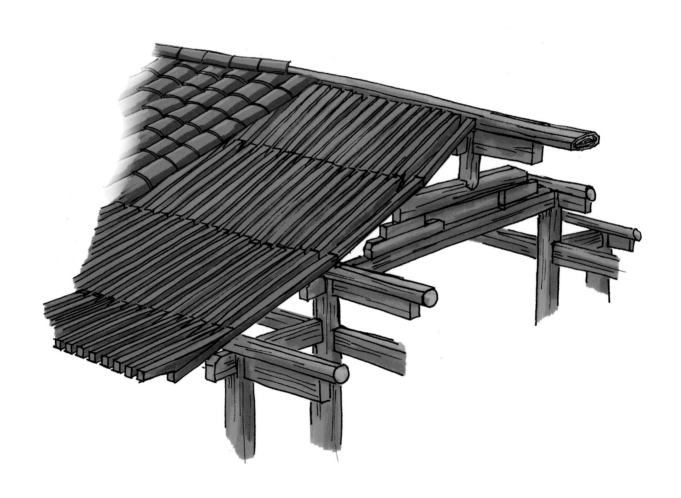

屋顶基本结构展示

屋顶的基本木构件包括椽木、博风板、连檐、脊桁、瓦面等。

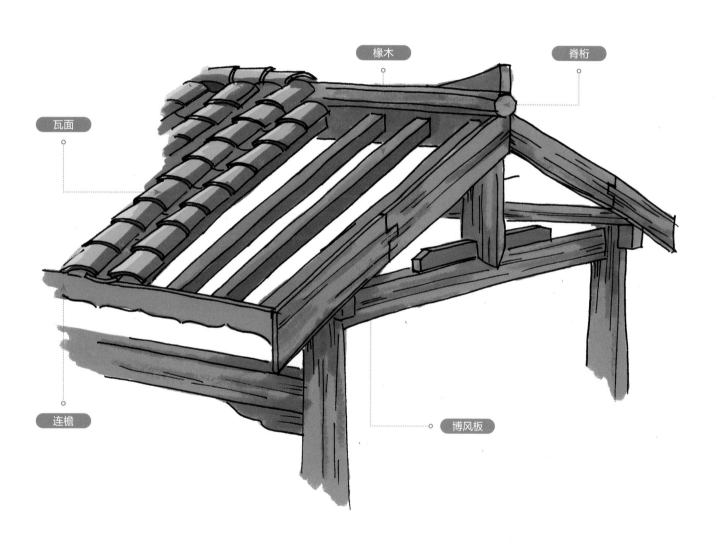

瓦面　椽木　脊桁　连檐　博风板

橡木的加工

相比于其他木构件而言，橡
子是一种相对次要的小构件。
且替换比较方便，因此木匠
师傅常常选用次一等的材料
来加工橡木。

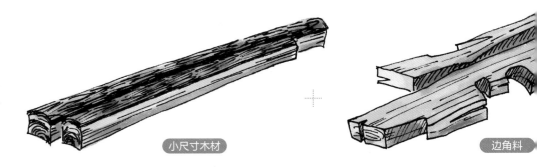

小尺寸木材

边角料

加工

精加工之前，木匠会使用
特殊的"洗凿"削去木料
表层的树皮和大的突起。

铲平树皮。

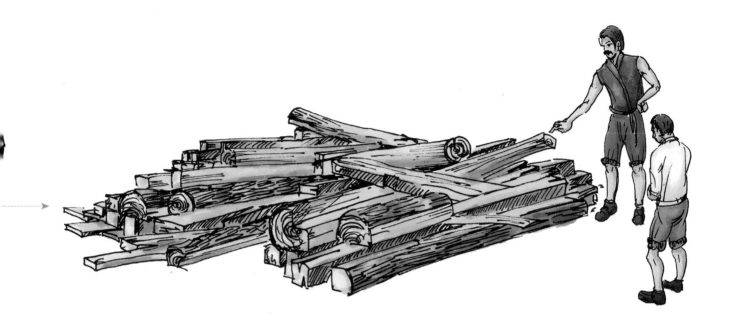

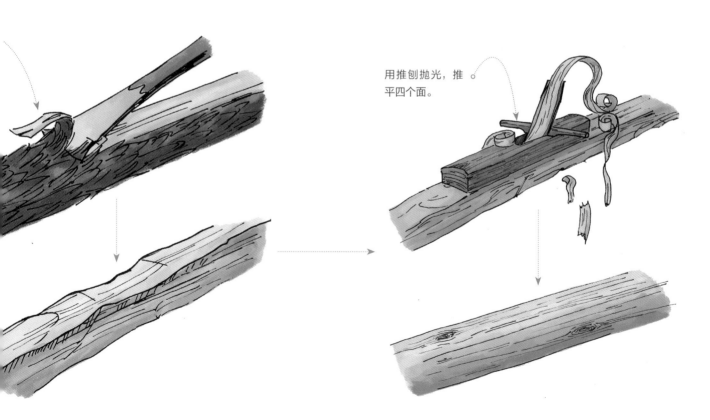

用推刨抛光，推
平四个面。

椽木的分类

飞椽

飞椽位于最外围一列步椽的前段，形状特殊，前短后长。其四分之一超出步椽端头，四分之三固定于步椽上，是传统建筑带弧线屋面的重要构件。

步椽

金枋以下额枋以上范围的椽木统称步椽。

脑椽

脑椽即最上端的椽木，位于屋脊和金枋之间。

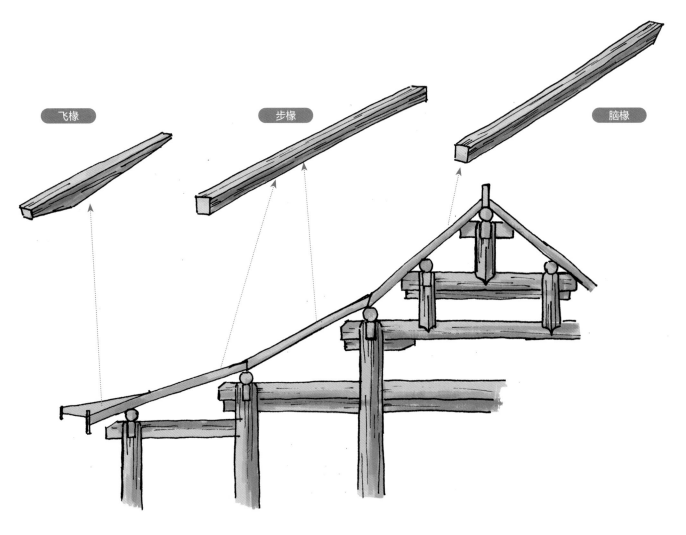

椽木的安装

椽木均被安装于"桁"上，长久以来，由于缺乏专业知识普及，"古典建筑不用一颗钉子"的观点被很多人接受。事实上，这种观点有待商榷。

在古典建筑屋面的加工中，钉子和榫卯互相配合使用。下图所展现的，就是最常见的椽钉与椽子的组合关系。这些椽钉是特制的，其尺寸远超普通钉子，一些椽钉长度可达 8 厘米左右。

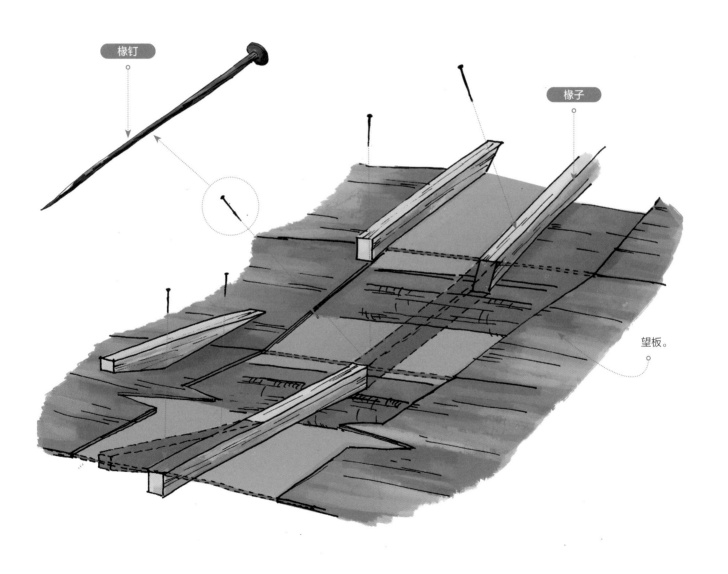

椽钉

椽子

望板。

大连檐

大连檐是连接前段步椽的构件，起到了固定椽木，增加承载力的作用。

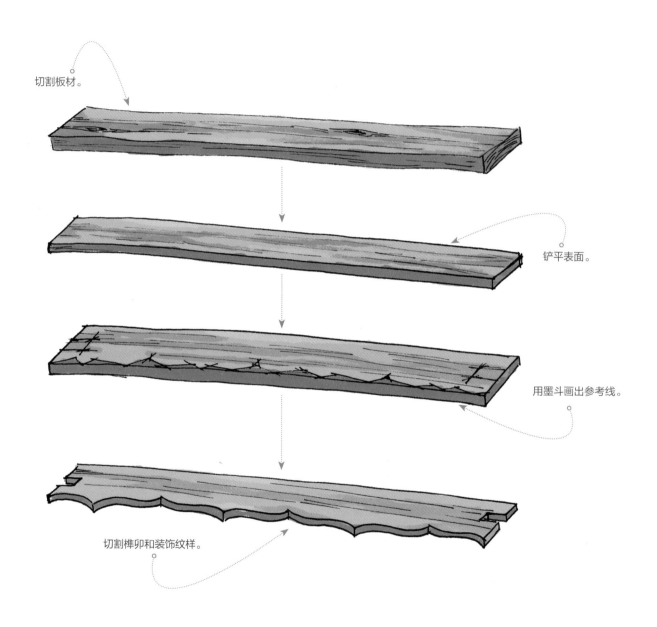

切割板材。

铲平表面。

用墨斗画出参考线。

切割榫卯和装饰纹样。

小连檐

比起大连檐，小连檐则更加复杂，尤其是其半榫卯结构对椽木的固定起到了重要作用。

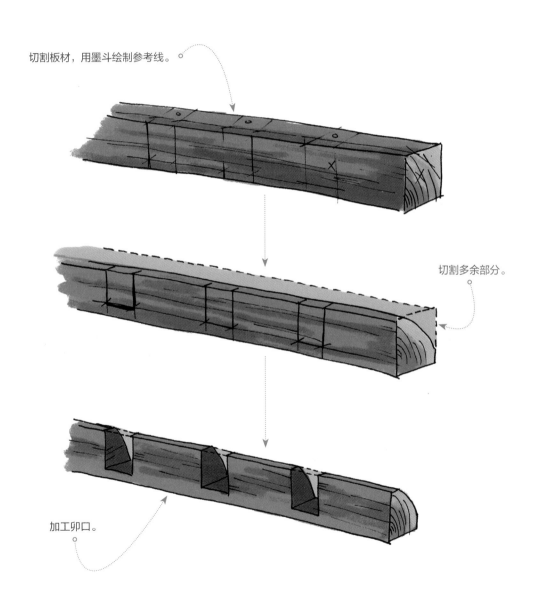

切割板材，用墨斗绘制参考线。

切割多余部分。

加工卯口。

连檐与椽木的组装

连檐与椽木组装的基本顺序为：在步椽上端加装小连檐，然后将飞椽依次固定在小连檐的榫卯中，最后将大连檐安装在飞椽前端。

扫码观看视频

扫码观看视频

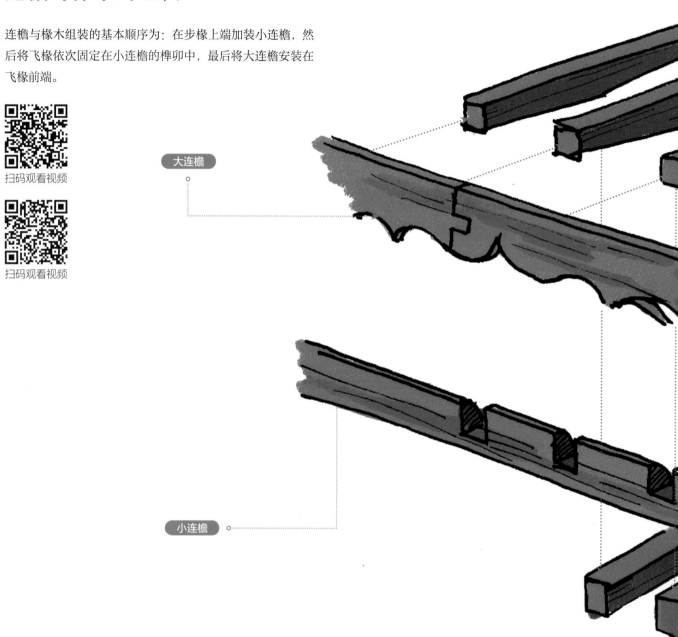

大连檐

小连檐

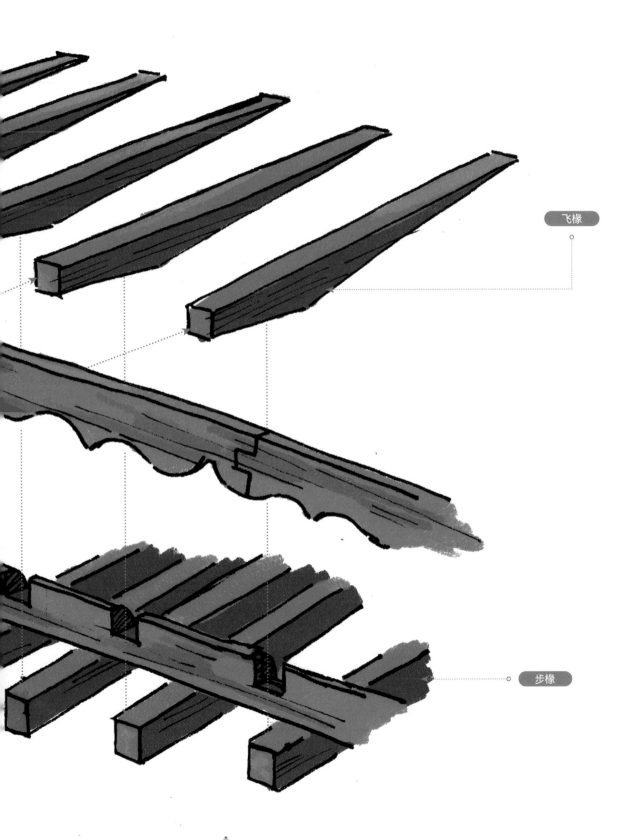

飞椽

步椽

扶脊木的功能

屋面曲线是中国传统建筑的灵魂之一，
而屋脊的曲线则是最显眼的特征。这种
独特建筑语言则需要归功于扶脊木。

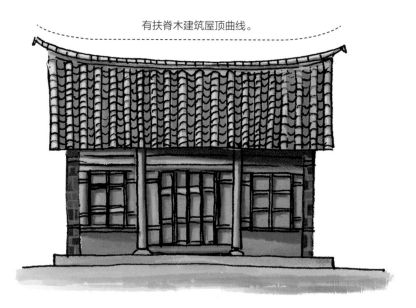

有扶脊木建筑屋顶曲线。

建筑外貌

扶脊木

有扶脊木的建筑结构

扶脊木虽然是屋面曲线的重要构件，但并不是所有传统建筑均有。无扶脊木的平直屋面在乡间民居中也很多见。

无扶脊木建筑屋顶曲线。

建筑外貌

无扶脊木的建筑结构

扶脊木的加工

扶脊木是一种特殊的小构件，常见于古典建筑屋脊顶端。但扶脊木的加工特点是无明显的榫卯结构和雕刻装饰，三角状的外形尤为特殊。

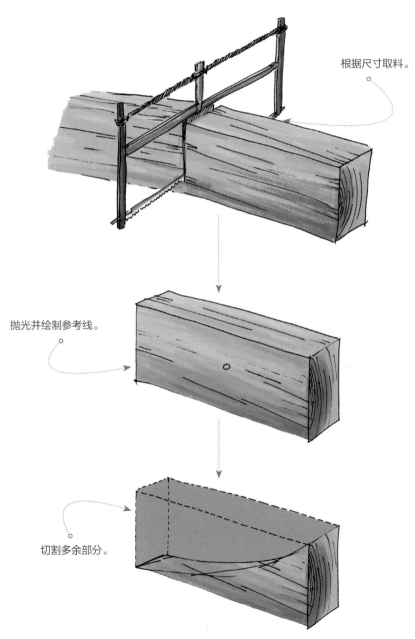

根据尺寸取料。

抛光并绘制参考线。

切割多余部分。

扶脊木的组装

扶脊木虽然没有榫卯，但依然需要加工暗楔用于连接桁。扶脊木、脊桁、脊枋是一个整体，在完整的屋面结构中缺一不可。

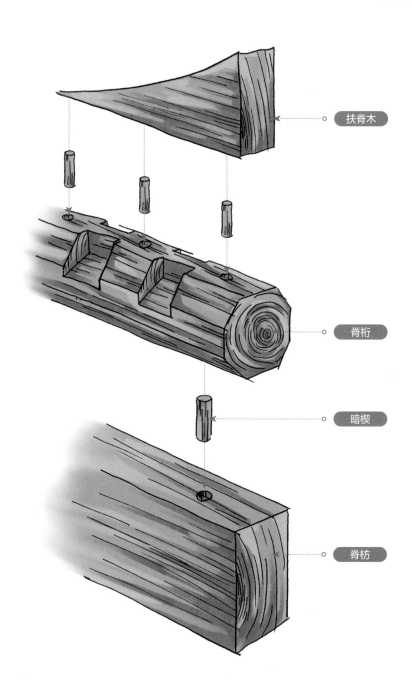

扶脊木

脊桁

暗楔

脊枋

博风板

博风板位于建筑屋顶的侧面，常常与悬鱼、惹草搭配使用。

博风板

惹草

悬鱼

博风板属于古典建筑中比较常见的
小木构件，但并不是所有的建筑都
会使用博风板。

无博风板

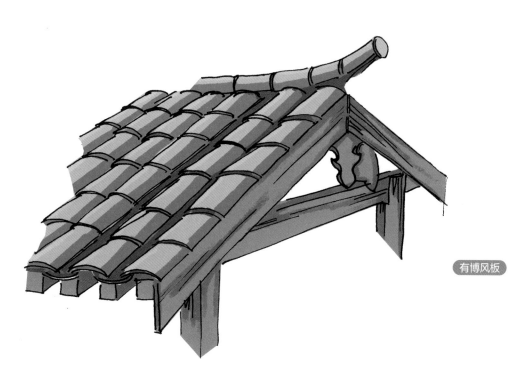

有博风板

博风板的加工

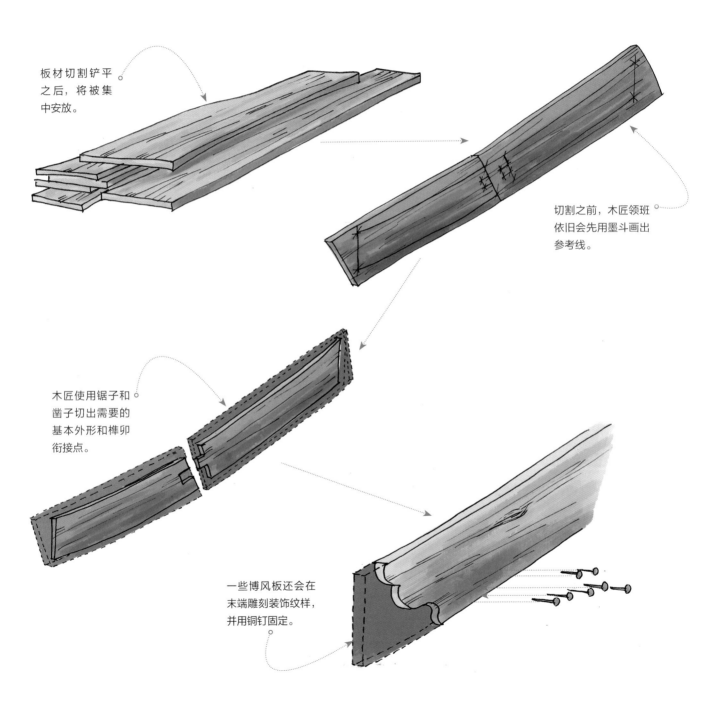

板材切割铲平之后，将被集中安放。

切割之前，木匠领班依旧会先用墨斗画出参考线。

木匠使用锯子和凿子切出需要的基本外形和榫卯衔接点。

一些博风板还会在末端雕刻装饰纹样，并用铜钉固定。

博风板的组装

博风板的预组装主要依靠铁钉和预制榫卯衔接。屋脊位置主要依靠"银锭榫"来完成组装。

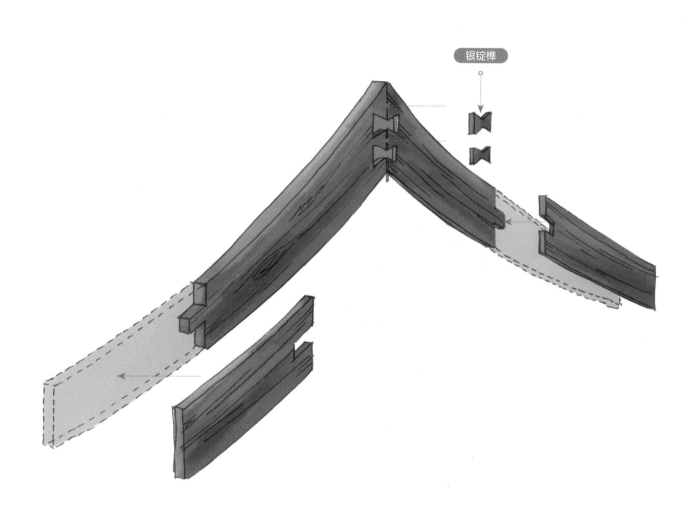

博风板的作用

博风板除了有装饰作用，更多是用来防潮、防雨、隔绝鼠虫、保暖等。

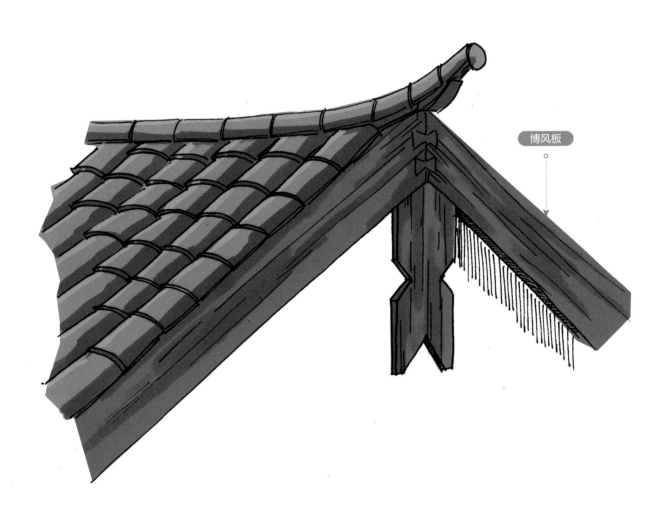

博风板

在中国东南地区，湿润多雨，博风板的挡雨作用更加凸显。

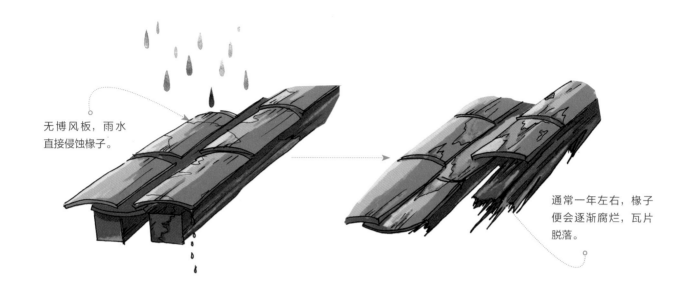

无博风板，雨水
直接侵蚀椽子。

通常一年左右，椽子
便会逐渐腐烂，瓦片
脱落。

因此在一些地区，如中国西南亚热带地区，博风板的有无甚至直接影响到建筑的寿命。

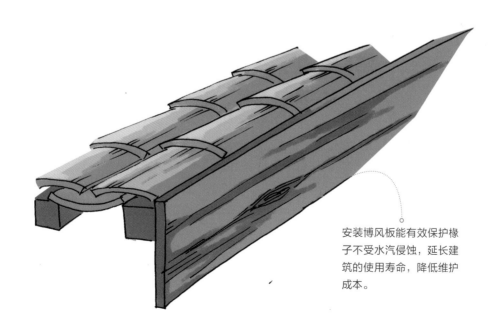

安装博风板能有效保护椽
子不受水汽侵蚀，延长建
筑的使用寿命，降低维护
成本。

博风板的雕刻装饰

一些特殊建筑，如皇宫、寺院、士绅宅邸等，这些建筑的博风板常常会有复杂精美的雕刻装饰图案。

博风板两端螭龙雕刻

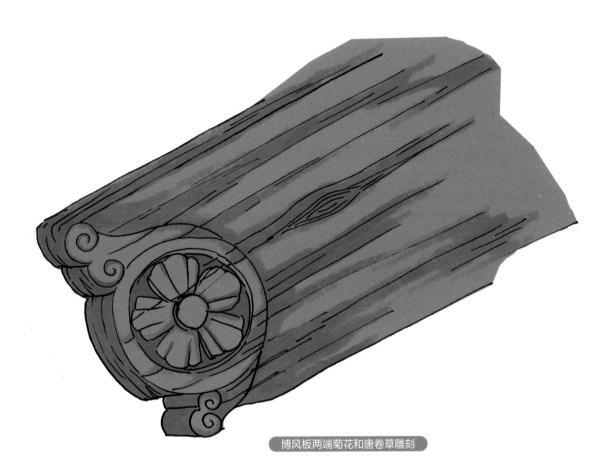

博风板两端菊花和唐卷草雕刻

惹草与悬鱼

惹草与悬鱼也属于两种常见的功能构件，通常与博风板组合使用。

惹草

悬鱼

悬鱼

悬鱼是小木作构件中比较常用的一种，主要位于古典建筑侧面屋顶的山墙区域，是一种兼具了雕刻装饰和挡雨功能的构件。

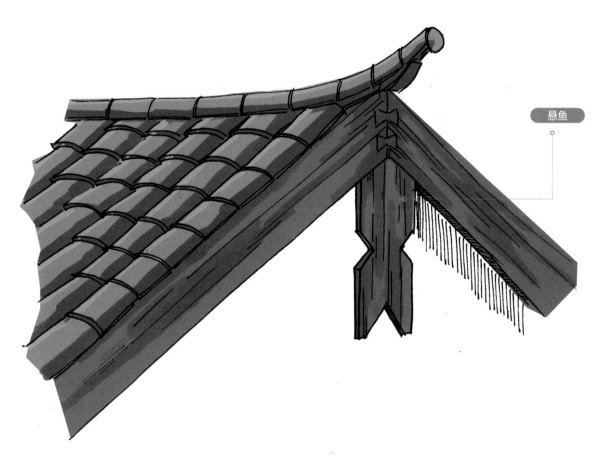

悬鱼

悬鱼的名称由来也颇为有趣，其中一种广为人知的来源是《后汉书》所记载的东汉南阳郡太守羊续的典故。相传羊续在任时廉洁自守，悬鱼在屋外拒贿。后世便用"羊续悬鱼"来形容清廉、为官正直的品格。

悬鱼的加工

悬鱼的加工相较于大木作构件要简
单一些，选取的材料也比较随意，
通常选用边角料制作。

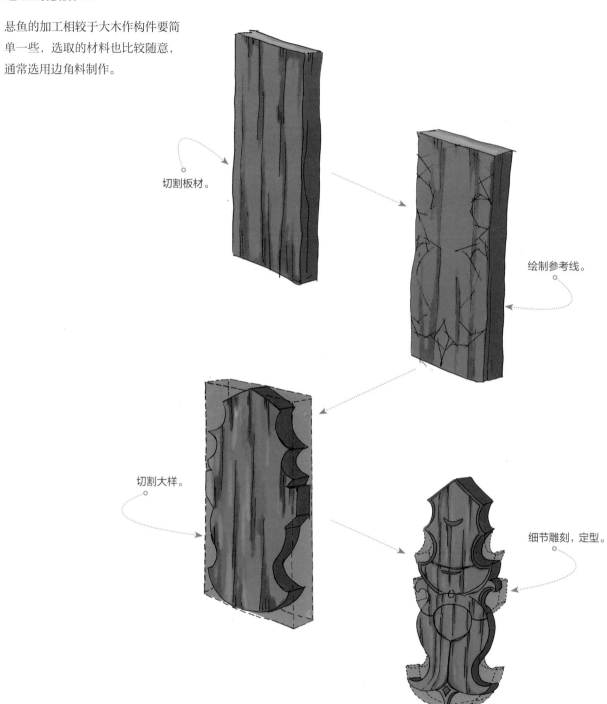

切割板材。

绘制参考线。

切割大样。

细节雕刻，定型。

悬鱼的安装

安装悬鱼时，既可以使用常见的"燕尾榫"（参见前文），也可以用特殊的"]"铁钉直接固定到博风板下。

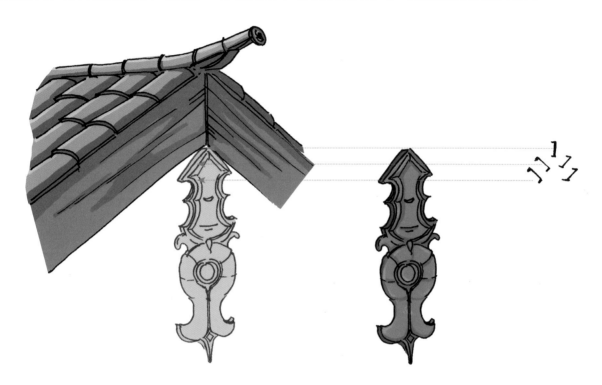

悬鱼也可以直接钉在博风板正中，这种做法可以更好地加固博风板并保护榫卯。

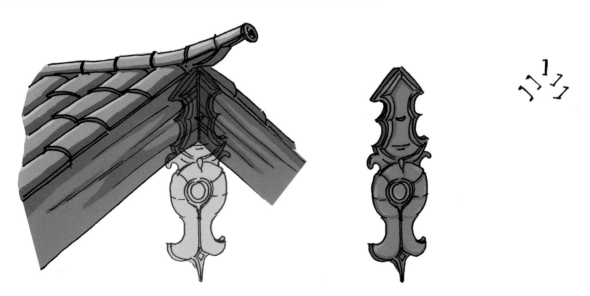

悬鱼的雕刻装饰

俗话说"人靠衣装，马靠鞍"，悬鱼作为较易被观察到的外露构件，同样被施加了各种各样的雕刻装饰。

万字纹

取功德圆满、万德具足之意。

祥云纹

祥瑞之云气，表达了吉祥、喜庆、幸福的愿望。

悬鱼的雕刻装饰除了常见的抽象图案，具象的动植物、器物也很多见。这些形象往往也展现出吉祥如意的内涵。

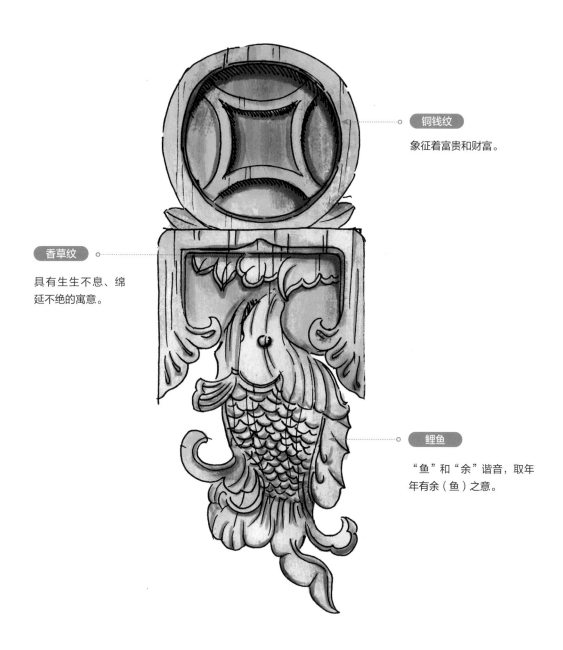

铜钱纹

象征着富贵和财富。

香草纹

具有生生不息、绵延不绝的寓意。

鲤鱼

"鱼"和"余"谐音，取年年有余（鱼）之意。

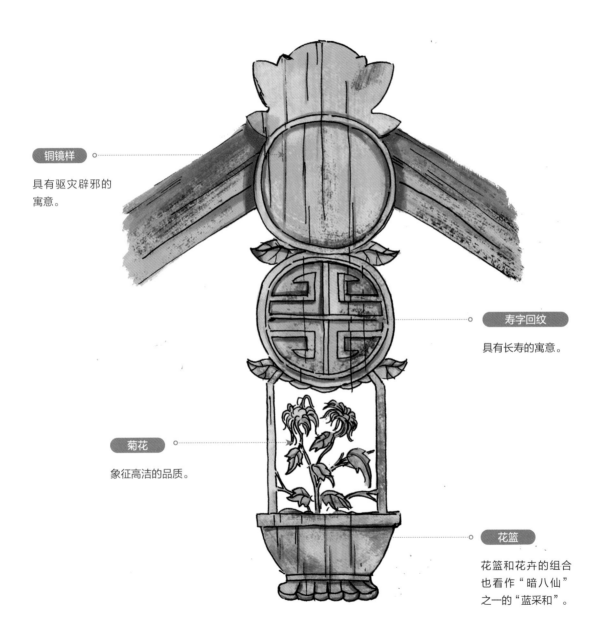

铜镜样

具有驱灾辟邪的
寓意。

寿字回纹

具有长寿的寓意。

菊花

象征高洁的品质。

花篮

花篮和花卉的组合
也看作"暗八仙"
之一的"蓝采和"。

惹草

惹草的功能和选材与悬鱼的相似，不同之处体现在形状、纹样和所处位置。

惹草的加工

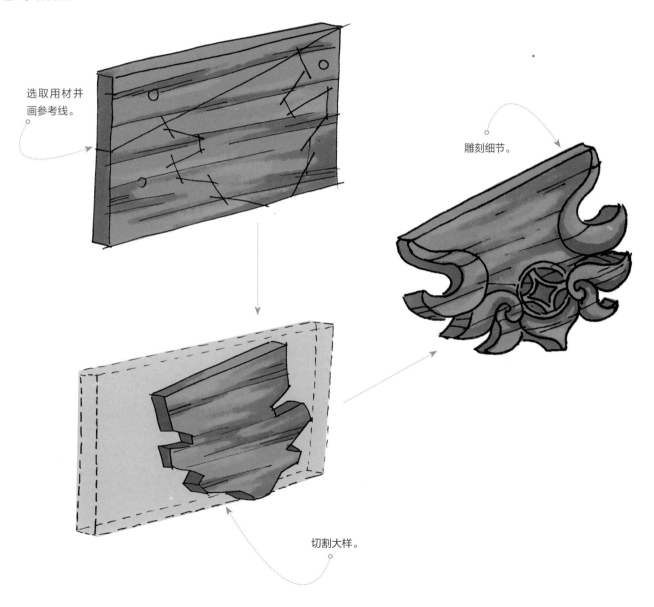

选取用材并
画参考线。

雕刻细节。

切割大样。

惹草的雕刻装饰

惹草也时常被施加一定的雕刻纹样，常见
的有石榴纹和祥云纹。

石榴纹

石榴纹取"多子多
福"的吉祥寓意。

祥云纹

祥瑞之云气，表达了吉祥、喜庆、
幸福的愿望。

第 8 章

瓦作

瓦的介绍

瓦取材于大地，其形制受礼制文化、地域风俗、气候、成本等影响衍生出了很多种类。

常见的有板瓦、筒瓦、小青瓦、瓦当、琉璃瓦当、定制瓦件等。

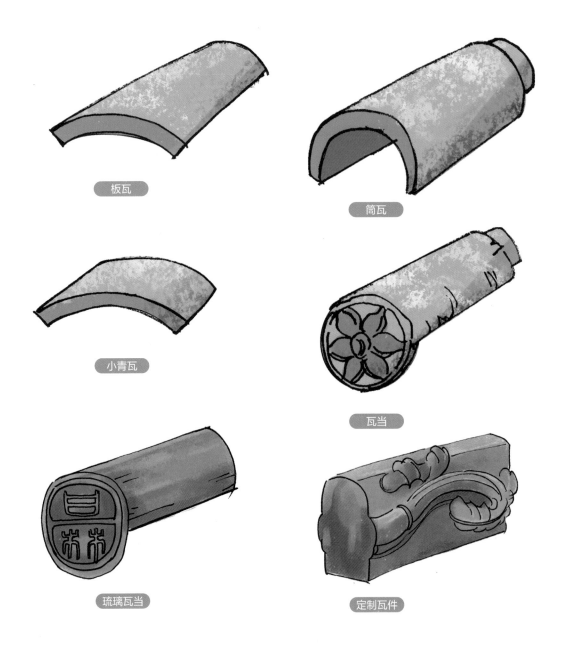

板瓦

筒瓦

小青瓦

瓦当

琉璃瓦当

定制瓦件

瓦的烧制

原材料

瓦的常见原料为黏土，在农田、山、河滩均可取材。

和泥

用双脚或牲畜反复踩踏，并配合锄头反复敲打的过程被称为和泥。

和泥时，要不断加入一定比例的水，使黏土变软，更方便揉捏。

在传统加工过程中，还会加入一定比例的沙土，以增加瓦的强度。

拍打泥堆去除空气，使泥土更加稠密、紧实。

拍杆

取泥片

泥堆拍打好后，工匠便使用由特殊的铁丝或者钢丝制
作的工具切割出长方形泥片。

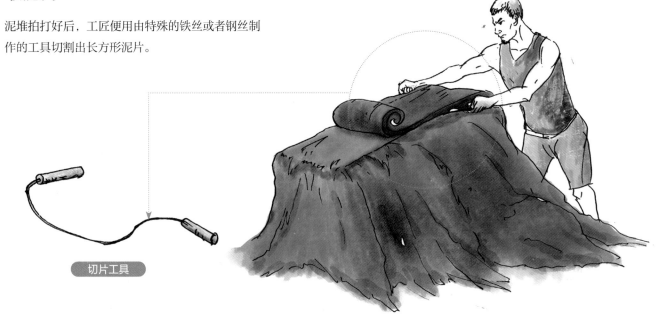

切片工具

瓦胚

常见的瓦胚由木质或者金属质感的
内胆和棉麻织物外套组成。

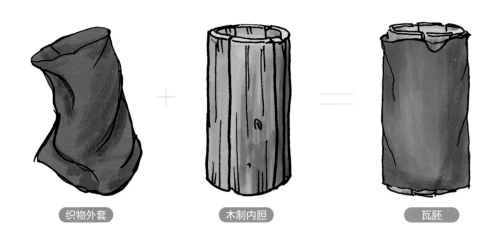

织物外套　　　木制内胆　　　瓦胚

装瓦胚

将泥片附着于瓦胚之上。

定型

用工具和手配合拍打定型。

晾晒

泥片在瓦胚外拍打成型后，一般会放置在室外或室内阴干。

切片

当瓦片阴干（半干，依然保留水分）后，工匠会取出木质内胆，并用刀片、铁丝等工具对其进行切片处理。

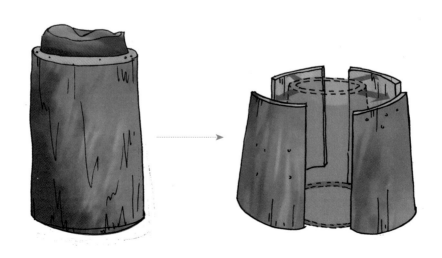

风干

继续阴干，直至基本定型。

装窑

定型的瓦片会被集中收集，运往窑厂
烧制。

烧窑开始之后，运输砖瓦的主入口会被封死。之后便
添柴烧火，烧窑有时可能持续数天之久，需要专人看护，
时刻监控火力大小和窑内情况。

烧制完成后，瓦片便可以作为成品使用。普通陶瓦又被称为土瓦，表面呈灰色或深灰色，无特殊加工的釉彩和雕刻。这些瓦件可以在绝大部分传统中式民居中发现。

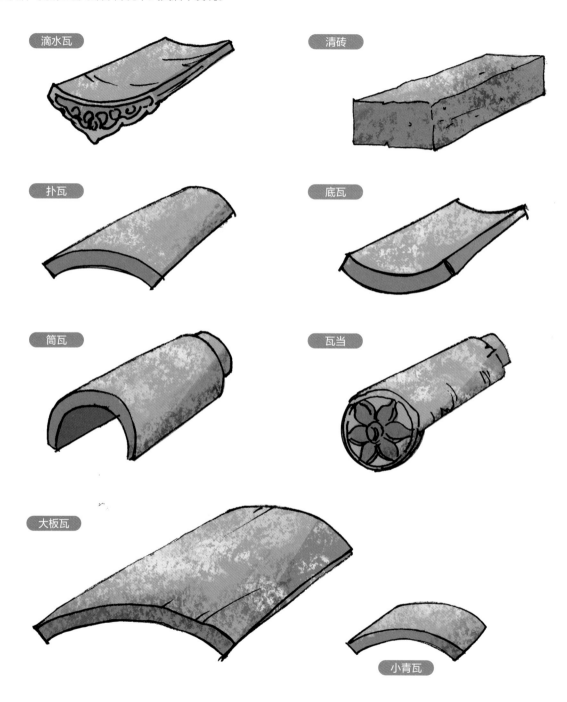

滴水瓦

清砖

扑瓦

底瓦

筒瓦

瓦当

大板瓦

小青瓦

而针对帝王宫殿、官员宅邸、士绅宅邸、地方纪念性地标和庙宇一类的高等级建筑，瓦片、砖和定制瓦件的装饰和造型则更加丰富多样。

精雕瓦当

鸱吻脊兽瓦

花砖

鼓钉砖

上釉彩

在釉彩工艺普及之后，许多瓦作构件也与之结合制作。在一些寺院、宫殿、纪念性建筑中常常会采用上过釉的瓦件来装饰屋顶，是一种财富、权力和等级的象征。

宫廷建筑则会使用更加昂贵、精细的琉璃瓦。这些瓦件常常带有华丽的雕刻装饰，或者蕴含吉祥寓意的典故和文字。

"安世万岁"瓦当

卷草纹瓦当

"甘林"瓦当

苍龙纹瓦当

除了常规瓦件，还有一些特殊的定制瓦件。

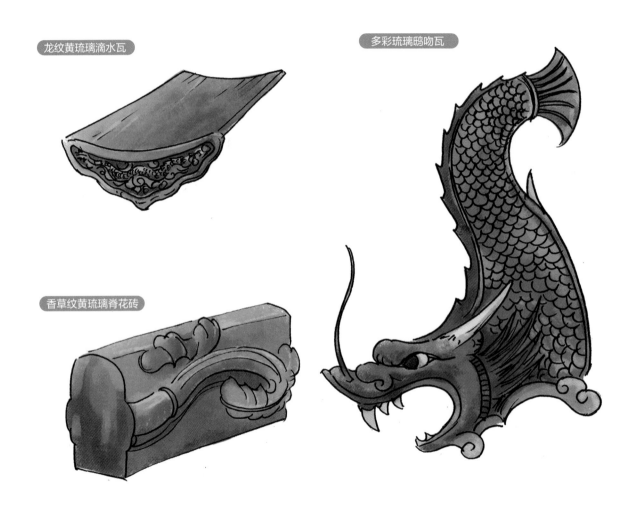

龙纹黄琉璃滴水瓦

多彩琉璃鸱吻瓦

香草纹黄琉璃脊花砖

精品瓦构件

中国古典建筑的琉璃瓦构工艺到明清已经到达巅峰，这些成熟的工艺与中国传统雕塑艺术深度结合，在明清两代创就了大量珍贵精美的雕刻和造像作品。

中国古典建筑的琉璃艺术几乎涵盖了所有可视化的文化艺术概念，比如宗教人像、世俗生活、吉祥纹样、植物、动物、历史典故等。

普贤菩萨

六牙白象

山西广胜寺琉璃塔普贤菩萨雕像

普贤菩萨

普贤菩萨是中国佛教的四大菩萨之一，象征着理德、行德，与象征着智德、正德的文殊菩萨相对应，同为释迦牟尼佛的左、右胁侍。其坐骑是一头六牙白象，《西游记》狮驼岭出现的三妖中的"黄牙老象"就是这头象下凡之后变化而成的。

金刚力士

这组琉璃所展现的金刚力士虽没有准确的文字记载，但根据其能够驾驭嫔伽的造像特点，应该属于等级不低的神界武士，其肩部盔甲的飘带，也是其具有神性的佐证。

金刚力士

嫔伽

山西千佛殿琉嫔伽套兽瓦

嫔伽

嫔伽是梵语"迦陵嫔伽"的简称，意译为妙音鸟或美音鸟，是我国佛教神话体系中的神鸟，在印度佛教神话中则是一种半人半鸟的乐神。

金刚力士

其实金刚力士的造像并非
只有身着铠甲的那一种。
在很多宗教建筑中，穿着
单衣，甚至赤裸上身的金
刚力士也十分多见。

山西千佛殿琉璃武士脊瓦

237

鸱吻

鸱吻又名螭吻、鸱尾，是中国古代神话传说中的神兽，为鳞虫之长瑞兽龙的第九子。口阔噪粗，平生好吞，殿脊两端的卷尾龙头是其遗像，形状像四脚蛇剪去了尾巴，这位龙子好在险要处东张西望，也喜欢吞火。这种神兽瓦件专用于宫殿建筑的屋脊两端，比如故宫太和殿一类的大型建筑屋顶。

凤凰

凤凰亦称凤鸟、丹鸟等，是中国古代神话传说中的一对鸟类神兽组合，有雌雄之别，雄为"凤"，雌为"凰"。

凤凰

鸱吻

解州关帝庙气肃千秋枋鸱吻瓦

钱脊龙形垂兽瓦

瓦屋面的建造

当建筑物的大架完成之后，便需要进入瓦作的安装环节。硕大优美的屋面是中国传统建筑的一大特色，从视觉吸引力的角度来说，在远距离上，传统建筑的瓦屋面的视觉冲击力甚至超过了斗栱。

建筑大架建好后，便进入屋面的封顶阶段。传统建筑中屋面由大量的瓦构成，在盖瓦之前需要先给屋面抹上专门搅拌的"灰泥"。灰泥的成分南北各有不同，这里只介绍常见的一种。

亚麻　　　　　生石灰　　　　　石墨粉　　　　　水

灰泥做法常见于北方地区。因为北方气候干燥，四季分明，灰泥有更好的保暖功能。西南、东南地区（特别是在热带、亚热带区域）也有无灰泥直接盖瓦的做法。

屋顶抹灰

灰泥准备好后，工匠会组成一个多人队伍互相协作，把一桶桶灰泥运送到屋顶，并由专人将灰泥反复涂抹在屋顶的望板之上，抹灰的同时，还会加入成把的亚麻丝。

盖瓦

抹灰之后让其自然晾干，然后专职的瓦匠便开始运送瓦件到屋顶。开始铺设瓦屋面之前，瓦匠会根据椽子的数量和屋面大小，提前计算出实际需要的瓦片数量。

值得注意的是，瓦屋面的铺设方法需要根据具体建筑来选择。在小型建筑中，由于面积较小，瓦的铺设比较随意。

在中大型建筑的传统营造中，瓦屋面既不能从单边开始，也不能从中间开始，而是左中右同时开始，最后是两边屋脊。详见下图（与实际营造过程有少许不同）：

这样做的原因是从单边或者正中开始会在短时间加大屋顶一个区域的重量，易影响建筑稳定性，有造成坍塌的可能。

中国传统建筑盖瓦很有讲究, 底瓦、扑瓦、筒瓦、滴水瓦环环相扣, 配合多变的屋面形式, 形成了兼具功能和审美意味的建筑元素。

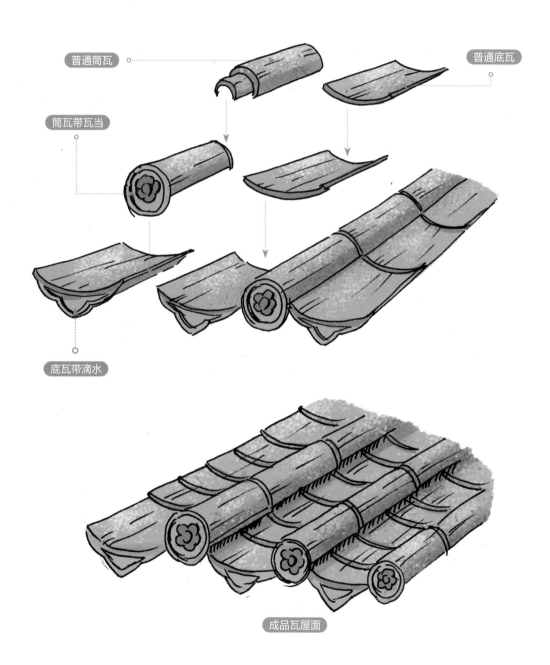

普通筒瓦

普通底瓦

筒瓦带瓦当

底瓦带滴水

成品瓦屋面

瓦屋面的功能

功能性是瓦屋面的根本,遮风挡雨,排水则是重中之重。因此中国传统建筑并不需要像现代建筑一样,专门在屋顶进行防水加工,只要瓦件按照工艺要求连接,自然就形成了一套完美的屋顶排水系统。

屋面各个构件的特殊连接关系,能够将雨水有效地排走。

中国传统建筑的屋顶

精湛、灵活且复杂的中国大木作技术为中国古典建筑演变出独树一帜的建筑形态奠定了基础，而成熟精美的瓦作体系，更是贡献了优美多变的屋顶形式。本章节主要挑选一些常见的屋面形式进行展现。

常见的屋顶

硬山屋顶

这种屋顶是传统建筑中最常见的屋顶形式，也是传统民居中等级最低的一种，多用于民居、宫殿附属建筑。其最突出的特点就是建筑两侧屋檐不超过山墙。

悬山屋顶

这种屋顶是也属于常见屋顶形式，但等级高于硬山屋顶，无论在宫殿建筑中还是民居中均可以看到。其最突出的特点是屋顶侧面超过山墙一段距离。

滚脊

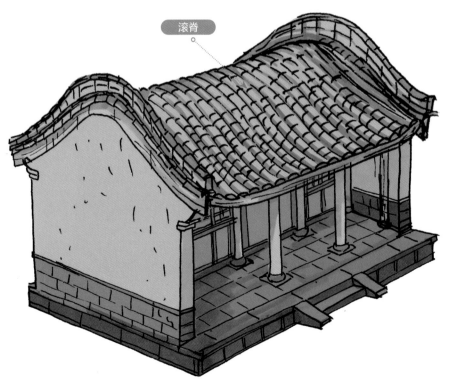

滚脊屋顶

这种屋顶又被称为卷棚屋顶，在民居和宫殿建筑中也属于常见类型，但少于悬山屋顶和硬山屋顶，其最大的特色是屋脊区域为流畅的弧形，也可以说没有屋脊。

高级专用屋顶

前文介绍了三种常见的民居屋顶，这些屋顶在高等级的宫殿建筑中也可以使用。但是一些高级屋顶形式不能在普通民居建筑中使用。

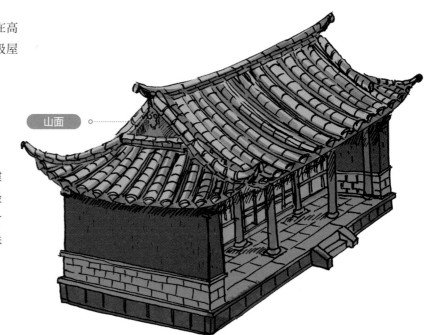

山面

歇山屋顶

歇山屋顶属于最常见的高等级建筑屋顶，普通民居不可用。其最大的视觉特点是侧面多出了一片屋面，并与正面屋顶构成了特殊的"山面"。

重檐歇山屋顶

这种屋顶属于歇山屋顶的进阶版本，其最大的视觉特色为双层的歇山屋顶交叠在一起。

庑殿屋顶

庑殿屋顶是传统建筑中第二等级的存在，只有最高等级的建筑如皇宫、寺院大殿等才能使用。其视觉特点是侧面斜屋面无歇山屋顶的"山面"，四条屋脊从屋檐直接连到屋脊。

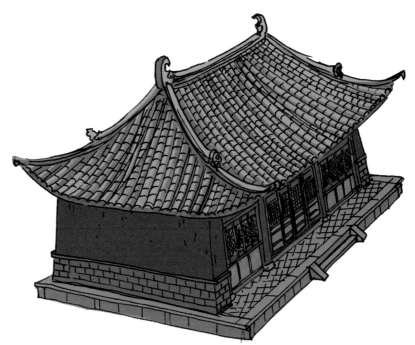

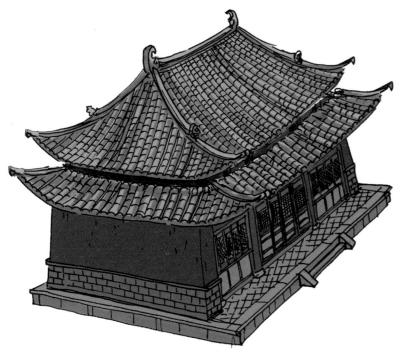

重檐庑殿屋顶

重檐庑殿屋顶是传统建筑中最高等级的存在，只可用于最高等级的建筑如皇宫、寺院大殿等。其视觉特点是双层庑殿屋顶重叠。

特殊屋顶

亭子作为古典建筑中常见的小品建筑，其屋顶形势多变，审美趣味十足，但使用这些屋顶似乎并没有明确的等级界限。

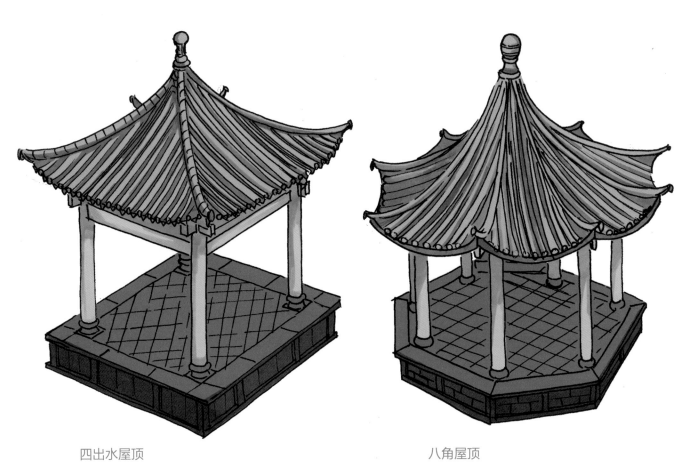

四出水屋顶

四出水屋顶常见于方形凉亭。

八角屋顶

八角屋顶属于多边形屋顶的一种，
常见的还有六角屋顶。

三角屋顶

多边形屋顶的一种，宫殿建筑中比较少见，在一些民居园林中可看到。

圆屋顶

圆屋顶是凉亭中最特殊、工艺最难的一种。除了凉亭，北京地坛也是一种特殊的圆顶建筑。

组合式屋顶

在中国古典建筑中，这些屋顶形式还可
以根据不同的建筑进行重新排列和组
合。其中最有代表性的就是阁楼屋顶和
抱厦屋顶。

阁楼屋顶

在多层建筑中，根据建筑层数的差
异，工匠常常选用多样的屋顶交叠
使用，比如阁楼、宝塔一类的地标
建筑。

抱厦

抱厦屋顶

虽然同为组合式屋顶，相比起阁楼
屋顶，抱厦更为常见。抱厦无法独
立存在，必须附属于主体建筑屋顶。
在结构上，抱厦和前文提到的悬山、
硬山、歇山屋顶，甚至庑殿屋顶均
可以组合。

第 9 章

装修

传统建筑装修

在建筑大木架和屋面工程结束后，便进入最后的装修阶段。相较于前几章，装修工作较为简单，但依然是传统建筑营造中不可或缺的环节。

扫码观看视频

建筑结构框架和屋顶完工后，便开始进行装修。

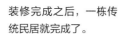

装修完成之后，一栋传统民居就完成了。

传统建筑装修的基本结构

传统建筑的装修内容少于主体结构，主要部分如下图所示。

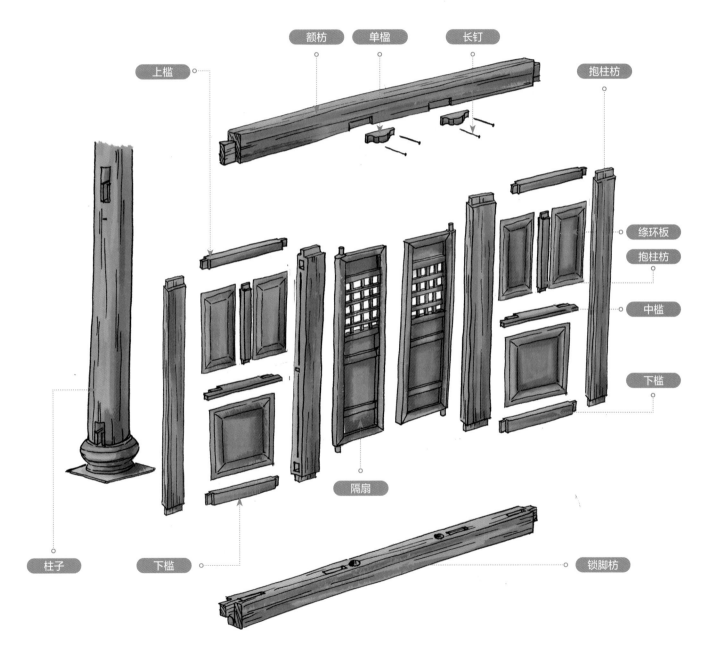

额枋

单楹

长钉

上槛

抱柱枋

绦环板

抱柱枋

中槛

下槛

隔扇

柱子

下槛

锁脚枋

传统建筑装修的榫卯

榫卯始终贯穿了传统建筑的里里外外，装修也一样。但装修榫卯和建筑榫卯略有不同，本章节只介绍几种代表性榫卯。

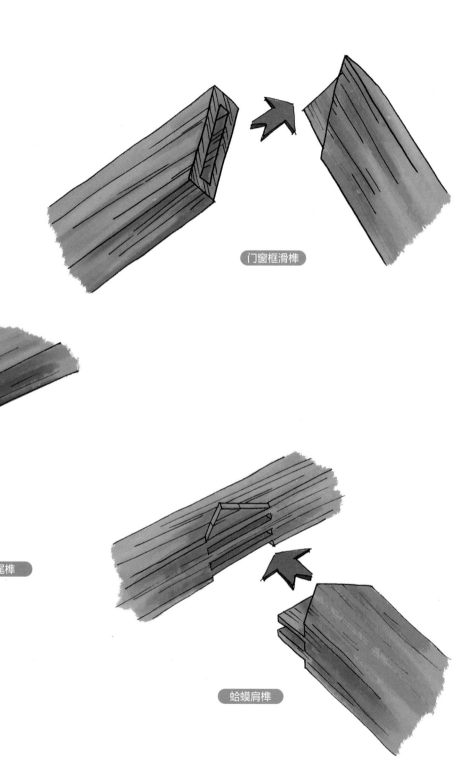

门窗框滑榫

燕尾榫

蛤蟆肩榫

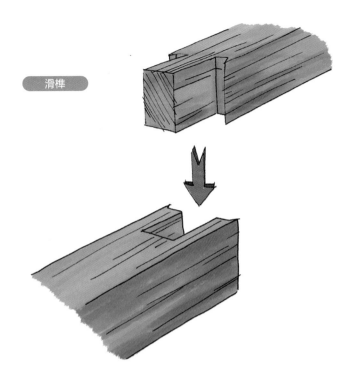

滑榫

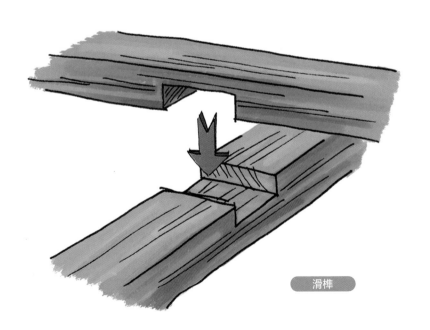

滑榫

传统建筑装修的板

传统建筑的装修内容较少，比较有代表性的是门、窗、板等。

板的种类包括绦环板、裙板、牙板等。

牙板

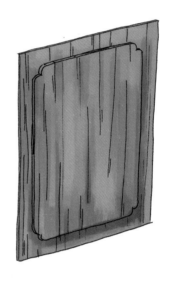

绦环板

绦环其实说的是板子中心部分和外侧一圈形成了两层环状结构。

方形绦环板

绦环裙板

在传统木构建筑装修中，绦环裙板属于中等豪华的装修部件，通常为没有雕刻的素面。

精雕绦环裙板

雕刻装饰在装修中依然有自己的角色，一些富裕户的房屋或宫殿建筑都会在板面上增加雕刻装饰。

传统建筑装修的窗

传统建筑中的窗和现代窗户功能上并没有太大区别，其加工方式仍然沿用了榫卯结构。

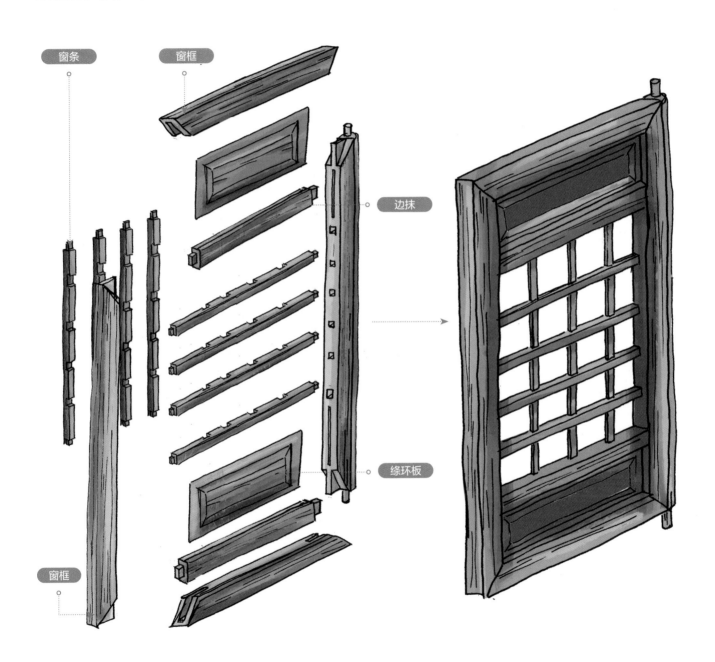

窗条 窗框 边抹 绦环板 窗框

传统建筑装修的装饰窗

除了一般的长方形窗户，一些装饰窗则被做成方形、多边形，甚至圆形。

围棋盒子

梅花　桃花

绸带　棋盘

方形套八边形装饰窗

方形大花窗

传统建筑装修的隔扇窗

在传统建筑装修中，门和窗并不完全是分离的概念。其中最有代表性的门窗结合便是隔扇窗。隔扇窗将中式传统建筑中的门和窗融合，形成中国古典建筑所特有的门窗结合体。这种隔扇在宫殿、寺院、阁楼、民居正房被广泛使用。

隔扇窗

隔扇窗的装饰也是传统建筑中比较有代表性的元素，其内容也几乎涵盖了所有常见的传统文化元素，如纹样、神话等。

条窗

方盛纹

绦环板

普通隔扇门窗

唐卷草

松树

凤凰

祥云

芙蓉花

文房四宝

莲花和鹭鸶

精雕隔扇门窗

特别鸣谢

清净无争、吾汉万年、Candelabrums

对佛光寺大殿封面绘制所提供的帮助和顾问指导。

特别鸣谢

清净天华，普放万丰，Candelabrums

对佛光寺大殿封面签制所提供的帮助和顾问指导。